# Die Eisenbahnen in Korea
(Chosen: Dschosön)

Von

Landrichter Dr. **Preyer**

Mit einer Übersichtskarte

Springer-Verlag Berlin Heidelberg GmbH 1914

*Durchgesehener Sonderabdruck aus „ARCHIV FÜR EISENBAHNWESEN"*
*1914, Heft 2 und 3.*

———

Additional material to this book can be downloaded from http://extras.springer.com

ISBN 978-3-662-32432-5      ISBN 978-3-662-33259-7 (eBook)
DOI 10.1007/978-3-662-33259-7

Frau Clara vom Baur

in Brüssel

verehrungsvoll gewidmet.

# Vorbemerkung.

Das Material über die Eisenbahnen in Korea ist verstreut in zahlreichen Artikeln der Tages- und Fachpresse und in den verschiedenen Jahresberichten der Regierung. Zusammenhängende Veröffentlichungen über das Thema sind mir nicht bekannt geworden, insbesondere dürfte es an solchen in deutscher Sprache fehlen. Wesentliche Förderung verdanke ich dem Kaiserlichen Generalkonsul Herrn Dr. Krüger in Söul, der mich bereitwilligst durch Angabe von Quellen, Übersendung amtlicher japanischer Publikationen und durch eigene tatsächliche Mitteilungen und Verbesserungen unterstützt hat. Es ist mir Bedürfnis, auch an dieser Stelle meinen herzlichen Dank dafür Ausdruck zu geben.

I. Kapitel.
## Historisch-geographischer Überblick.

Korea verdankt seine Eisenbahnen im wesentlichen dem Eindringen Japans. Aus eigener Kraft hat sich das Volk niemals zur Erbauung einer Bahn geregt. Die Gründe hierfür sind in der Mißregierung, dem Volkscharakter und der geographischen Lage zu suchen.

Die Kenntnisse, die man im allgemeinen von Korea besitzt, sind noch heute dürftig. Von den ostasiatischen Ländern ist es als letztes aus geheimnisvoller Verschlossenheit mittelalterlicher Zustände in das helle Licht der Weltgeschichte gerückt und in das unentrinnbare Netz des Weltverkehrs gezogen worden. Falsch wäre es, nach dem Zustande des koreanischen Volkes kurz vor der japanischen Okkupation zu folgern, daß ihm etwa Veranlagungen und Befähigungen zu einem Kulturvolk gänzlich fehlten. Im Gegenteil beweist die Geschichte, daß Korea seine beiden Nachbarreiche zeitweilig sogar überragt hat. Denn wenngleich seine Kultur ein Sämling der großen chinesischen Kultur ist, hat es z. B. doch als erstes die Einführung einer alphabetischen Schrift (das sogenannte „Onmun") an Stelle der schwerfälligen chinesischen Charakterenschrift schon vor Jahrhunderten (1446) vollbracht, sowie bereits 1403 — also ca. 50 Jahre vor Gutenberg — mit beweglichen Bronzetypen Drucke hergestellt. Auch sein Kunstgewerbe hat vor Zeiten einmal eine nicht geringe Höhe erreicht. Allein die starre Abgeschlossenheit nach außen, und die jedes andere staatliche oder gemeindliche Leben niederdrückende Despotie im Innern haben das Volk im Laufe der Jahrhunderte in einen Zustand lustlosen Stillstands gebracht, aus dem erst jahrzehntelange japanische Erziehung es wird aufrütteln können.

Die letzten Jahrhunderte hatte Korea als ein mehr oder weniger selbständiges, in milder Form China tributäres Königreich bestanden. In den achtziger Jahren begannen die ersten Beziehungen mit europäischen Mächten, von denen eine Anzahl Handelsverträge mit Korea schlossen. Den Wendepunkt in der jüngsten koreanischen Geschichte bildet der chinesisch-japanische Krieg von 1894/95. Im Frieden von Schimonoseki mußte China auf seine Oberherrschaft über Korea verzichten, auf dessen Boden nunmehr Japan selbst festen Fuß faßte. In den folgenden Jahren trat an

Stelle des erledigten Chinas Rußland als neuer Konkurrent um die Vormacht in dem kleinen Reiche auf, dessen Herrscher 1897 nach der Befreiung den Kaisertitel annahm. Von dem Widerspiel der beiden Nachbarn — Japan und Rußland — ist das nächste Jahrzehnt erfüllt, mit dessen Ablauf das Unterliegen Rußlands und damit das Geschick Koreas besiegelt war. In rascher Folge ergriff Japan eine Maßnahme nach der anderen, um Korea immer enger an sich zu ketten. Heute gibt es kein koreanisches Reich mehr. Unter seinem vormaligen Namen[1]) „Dscho sön" (Chosen) wird es als

---

[1]) In Ostasien gibt nach uraltem Brauch jede neu aufkommende Dynastie dem betreffenden Land einen neuen Namen. Die 918 n. Chr. zur Herrschaft gelangte und in Songdo residierende Dynastie „Wang" wählte den Namen Kório, zusammengezogen aus San-ko Su-rio, d. h. (Land der) Hohen Berge (und) schönen Flüsse, unter Weglassung der Schriftzeichen für Berg und Wasser. Die chinesische Aussprache dieser Schriftzeichen lautet im Peking-Dialekt: „Kauli" und die japanische Aussprache: „Kore-i". Dieser Name blieb für lange Zeit im Munde der Nachbarvölker weiterbestehen, auch als die im Jahre 1392 zur Regierung gekommene letzte Dynastie „Yi" dem Lande den Namen Dschosön (Chosen) beigelegt hatte. Die im Mittelalter mit Japan (Nagasaki) handeltreibenden Portugiesen, Spanier und Holländer bildeten dann nach Hörensagen aus dem japanischen Kore-i das Wort „Korea", welche Bezeichnung sich in Europa einbürgerte. Als 1897 der König Yi-hui (oder Yi-hiong) den Kaisertitel annahm, benannte er sein Land „Tä-han", d. h. Großes Hanreich, in Anlehnung daran, daß Korea zu Beginn geschichtlicher Zeiten aus den drei Han-Reichen bestanden hatte. Europa machte verständigerweise diesen Namenswechsel nicht mit, sondern blieb bei dem internationalen „Korea". Gelegentlich der Annexion, Ende August 1910, bestimmte der Kaiser von Japan im Verordnungswege die Wiedereinführung des ehemaligen Namens „Dschosön" (Chosen). Dschosön bedeutet: „(Land der) Morgenfrische". Die von englischen Missionaren beliebte Übersetzung: morning calm gleich Morgenruhe ist falsch. Ob Europa nunmehr den Namen Dschosön für Korea annehmen wird, steht dahin, wie denn die europäischen Völker doch auch Japan nicht etwa „Nippon" oder „Nihon", die Japaner nicht „Nihonjin" nennen und sich ebensowenig daran haben gewöhnen können, die Insel Formosa mit dem japanischen Namen „Taiwan" zu bezeichnen, oder Port-Arthur mit Ryojunko. Die Japaner richten in Korea aber auch sonst große Verwirrung und Erschwerung der Landeskunde dadurch an, daß sie die chinesischen Schriftzeichen in den koreanischen Ortsnamen auf japanische Weise aussprechen, die von der koreanischen Aussprache stark, zum Teil sogar völlig abweicht. So sagen sie z. B. statt Söul: „Keijo", statt Pjöng-jang: „Heijo". Außerdem benutzen die Japaner, wenn sie japanische und koreanische usw. Worte mit europäischen Buchstaben zu schreiben haben, die englische Schreibweise, die aber dem Wortklange mitunter nicht genügend gerecht wird. Im folgenden sind die koreanischen Ortsnamen in koreanischer Aussprache und an der Hand der einheitlichen Onmunschrift mit deutscher Schreibweise wiedergegeben. Daneben findet sich nach Möglichkeit in Klammern die japanische Aussprache in japanischer (d. h. englischer) Schreibweise vermerkt, wie japanische Eisenbahnfahrpläne usw. sie heute bringen.

japanische Kolonie von einem Generalgouverneur verwaltet. Der letzte koreanische Schattenkaiser ist japanischer Pensionär geworden.

Die geographische Gestaltung und Lage des Landes ist in mancher Hinsicht der Italiens vergleichbar. Italien liegt auf dem 46.—36., Korea auf dem 42. bis 33. Breitengrade. Italien (immer ohne die Inseln Sizilien, Sardinien usw.) ist rund 1000 km, Korea 990 km lang, auch die durchschnittliche Breite von etwa 350 km der Länder als ganzes ist ähnlich. Italien bedeckt etwa 236 500, Korea 217 700 qkm. Beide Halbinseln sind durchzogen von einem langen, rückgratähnlichen Gebirgszuge. Beide Halbinseln schauen nach Westen. Ihre Hauptstädte liegen in der Mitte, unfern der westlichen Küste. Die Einwohnerzahl Italiens allerdings ist die doppelte, da die Bevölkerung Koreas sich nach den letzten amtlichen Angaben Mitte 1913 zusammensetzt aus:

14 898 241 Koreanern,
264 146 eingewanderten Japanern
19 027 Chinesen
1 008 Europäern und Amerikanern

zusammen: 15 182 422.

Zum Unterschiede von Italien liegt Korea nicht inmitten eines von bevölkerten Uferstaaten umsäumten Binnenmeeres, sondern ragt in den Stillen Ozean hinein, nur im Westen den chinesischen Kontinent, im Osten das japanische Inselreich zu Nachbarn habend. Zwar besitzt auch Korea ein vorzügliches Klima, sogar das beste der Welt, aber es fehlt ihm zum großen Teil das, was Italien zum begehrten Ziel zahlloser Völker gemacht hat, nämlich weite fruchtbare Gefilde und als Grenzländer reich besiedelte, hochkultivierte Gebiete — über die Alpen verhältnismäßig leicht zu betreten — vor allem auch eine hafenreiche, leicht anzusteuernde Küste. Korea wird vielmehr im Norden von mittelhohen Gebirgen eingeschlossen, stößt an die dürftig bevölkerte Mandschurei, sein Inneres — von zerklüfteten Bergzügen angefüllt — ist nur stellenweise fruchtbar, seine Küste an der wichtigen Westseite durch ein Gewirr von Inseln zu einer für die Schiffahrt sehr gefährlichen Anfahrt gestaltet.

Dennoch war auch Korea jahrhundertelang das Ziel benachbarter Eroberer, deren es sich freilich seit etwa der Mitte des 14. Jahrhunderts erfolgreich zu erwehren gewußt hat. Selbst Japan besaß nur eine Kolonie ohne politische Selbständigkeit in Fusan am Südende der Halbinsel, und China behielt nur eine so gut wie rein nominelle Oberhoheit. Während aber das östliche Inselreich mit einer Fortschrittsenergie sondergleichen sich zu einer modernen Militärmacht erhob, blieb Korea wie traumbefangen zurück. Der Krieg von 1894/95 lehrte die Japaner von neuem die ungemeine Bedeutung erkennen, die Korea für sie als Überlandstraße nach Nordwesten, nach der Mandschurei und Nordchina besaß. Seit jener Zeit beginnt das unaufhörliche Eindringen japanischer Elemente und das unaufhaltsame Steigen japanischen Einflusses und japanischer Macht, die dem Inselvolke bei Beginn des Krieges mit Rußland Korea als wehrlose Beute darbrachten.

Was die Japaner zu Anfang ihrer Bestrebungen vorfanden, war ein auch wirtschaftlich gänzlich unentwickeltes Land. Der Verkehr im Innern der Provinzen vollzog sich in beschwerlicher Weise auf schlechten Straßen — zumeist nur Saumpfaden — unter Benutzung von Menschen und Tieren als Träger und Zugmittel. Der Wasserstraßenverkehr auf Flüssen war beschränkt, Kanäle fehlten gänzlich. Auch die Seeschiffahrt war nicht bedeutend. Allerdings besaß der Verkehr mit der Außenwelt eine Reihe geöffneter Häfen, von denen Dschemulpo als Hafen der Hauptstadt Söul, Fusan zunächst Japan, Wonsan zunächst Wladiwostok und Mokpo in Südwesten genannt seien. Der Außenhandel Koreas belief sich vor der japanischen Invasion, also etwa 1897, auf

21 376 311 ℳ in Einfuhr und auf 19 079 711 ℳ in Ausfuhr[1]).

Der Handelsverkehr spielte sich hauptsächlich, d. h. zu 60—70 %, mit Japan ab. Er hob sich durch das regere Leben nach dem Kriege mit China rasch. Im Jahre vor dem Kriege mit Rußland (1903) betrugen die Werte

38 662 493 ℳ in Einfuhr und 20 305 175 ℳ in Ausfuhr.

Nach Überwindung der Störungen, namentlich der Ausfuhr durch den Krieg, waren es (1907):

87 334 214 ℳ in Einfuhr und 35 666 265 ℳ in Ausfuhr.

Die letzten Zahlen lauten:

1912:  140 942 438 ℳ in Einfuhr und 44 069 795 ℳ in Ausfuhr,
1913:  150 303 300  „  „   „   „  64 843 800  „  „   „ .

An dieser Steigerung des Handels gebührt dem Eisenbahnwesen kein geringer Verdienstanteil, wie wir an den später mitzuteilenden Ziffern über bewältigte Beförderungsmengen ersehen werden (s. Kap. III). Die wesentlichsten Artikel der Ausfuhr waren Reis, Bohnen, Häute, Fische, Ginseng, Algen; auch bergbauliche Produkte, vor allem Goldstaub, spielten eine Rolle. Zur Einfuhr kamen vornehmlich Baumwollgewebe, Wollstoffe, Metalle, Teerfarbstoffe, Nadeln und Zündhölzer. In der Folgezeit haben sich fast alle diese Artikel gleichmäßig gehoben, besonders auch die Eisenerz- und Goldausfuhr, wenngleich beide, absolut betrachtet und im Vergleich zur Weltproduktion, nicht groß genannt werden können. In der Einfuhr

---

[1]) Die Zollstatistiken sind nach den Kalenderjahren aufgestellt, die Wertangaben in ihnen sind zum Kurse von 1 Yen gleich 2,10 Mark umgerechnet. Im übrigen beziehen sich alle Finanzzahlen auf das Finanzjahr vom 1. April bis 31. März.

haben sich als Zeichen der gesteigerten allgemeinen Wohlfahrt die Baumwollwaren mehr als verdoppelt und nehmen 1907 mit 10½ Millionen Yen, 1912 mit 15½ und 1913 mit 14,25 Millionen Yen ein Viertel bis ein Fünftel des Gesamtimports ein. Auch hier hat, wie japanische Berichte hervorheben, unzweifelhaft die Eisenbahn mit der Erleichterung des Eindringens der Ware ins Land und der Wegschaffung der eigenen Erzeugnisse das Ihre getan.[1]) Was die Beteiligung der Nationen an diesem Handel angeht, so nimmt Deutschland darin eine sehr bescheidene Rolle ein. Allerdings läßt sich nur der direkte Handel erfassen und ist anzunehmen, daß in dem Handel mit Japan und vielleicht auch England mancher Bestandteil indirekten Herkommens aus Deutschland enthalten ist. Im übrigen betrug der direkte Einfuhrhandel Deutschlands im Jahre 1912: 1 591 759 Yen auf einen Gesamtwert von über 67 Millionen, also 2,4 %.

Weitere Einzelheiten über die geographischen und wirtschaftlichen Vorbedingungen für die Entwicklung eines geordneten Verkehrswesens in Korea sind in Spezialwerken enthalten.

## II. Kapitel.

### Die einzelnen Eisenbahnlinien.

#### 1. Die Linie Söul—Dschemulpo (Keijo—Jinsen).

Von einer Geschichte des Eisenbahnwesens in Korea kann kaum gesprochen werden, denn nur Geringes ist vor der japanischen Besetzung unternommen und ausgeführt worden. Die in der Weltgeschichte nicht selten zu beobachtende, entwicklungsfördernde Wirkung des Krieges scheint auch für Korea den ersten Anstoß zum Beginn des Eisenbahnbaues gegeben zu haben. Der chinesisch-japanische Krieg von 1894/95 befreite Korea von der nominellen Oberhoheit Chinas, um es freilich nur um so sicherer unter die wirkliche Japans zu bringen. Nach dem Kriege begann in China die „battle of concessions", in der von einer Reihe fremder Nationen eine jede soviel Eisenbahnbaurechte zu erreichen suchte wie möglich. Anscheinend aus Anlaß ähnlicher, hierdurch wachgerufener Bestrebungen — jedenfalls in der gleichen Periode — erfolgten auch die drei Eisenbahnkonzessionen, die die Kaiserliche Regierung in Söul vergeben hat. Außer den Japanern hatten für Korea vor allem die Nordamerikaner und merkwürdigerweise die Franzosen erheblicheres Interesse gezeigt. In geringerem Maße haben sich

---

[1]) Vgl. amtlichen Bericht 1910/11, S. 5/6.

auch alle anderen Nationen beteiligt, auch die deutsche. So bemühte sich z. B. — allerdings ohne Erfolg — eine große deutsche Firma in Dschemulpo um die Linie Söul—Wonsan, vorbei an ihrem damaligen Goldbergwerk Tangkokö im Westen der Diamantberge. Die Amerikaner ließen sich in erster Linie die Ausbeute der im Distrikt Unsan (Provinz Nord-Pjöng-an) belegenen aussichtsreichen Goldminen angelegen sein. Später erhielt der Ingenieur und Vorsitzende eines der Hauptunternehmen, der „American Trading Co.", James R. Morse in Jokohama am 29. März 1896 die Konzession für die zunächst wichtigste Bahn, die Verbindung der Hauptstadt mit dem Meere, Söul—Dschemulpo. Etwa nach Jahresfrist wurde mit den Arbeiten begonnen. Die Japaner hatten von Anbeginn an eine derartige Festsetzung amerikanischer Interessen in Korea wegen der Bedeutung dieser Gebietsteile für Japans erstrebte Machtstellung auf dem Kontinent nicht gern gesehen. Jede Möglichkeit wurde ausgenutzt, um die Amerikaner beiseite zu schieben. Als ersten Schritt diesem Ziele entgegen ließ sich die Yokohama Spezie Bank bereits am 1. Dezember 1897 gegen Gewährung von Baugeldern ein Pfandrecht an der Bahn einräumen. Im weiteren Verlaufe bildete sich ein japanisches Konsortium: „The Seoul-Chemulpo Railway Syndikate" unter Baron Shibusawa[1]), das den Ankauf der im Entstehen begriffenen Linie bezweckte. Mit Morse wurde nun vereinbart, daß er zunächst die Bahn fertig bauen und dann dem Syndikat verkaufen solle. Am 18. Dezember 1899 konnte der Verkehr auf der Teilstrecke Dschemulpo bis Noriang-dschin (Lorioshin), etwa 32 km, eröffnet werden. Dies war die erste Bahn, die auf koreanischem Boden fuhr. Am 31. Dezember 1899, also noch vor völliger Fertigstellung, ging die Bahn entsprechend weiteren Abmachungen mit Morse in das Eigentum der umgewandelten: „Seoul-Chemulpo Railway Co. Ltd." über, die den Betrieb fraglicher Strecke eine Reihe von Jahren leitete. Die bis zur Hauptstadt noch fehlenden rd. 10 km wurden bis Juli 1900 beendigt. Am 8. Juli 1900 fand die Eröffnung der Gesamtstrecke statt. Die Linie ist vollspurig und eingleisig. Besondere Geländeschwierigkeiten waren nicht zu überwinden, allerdings mußten zahlreiche kleine Brücken und eine große Brücke von 600 m Länge über den Hanfluß, der unweit Söul vorüberfließt, gebaut werden. Die Herstellungskosten haben nur 108 500 ℳ für das Kilometer[2]) betragen. Die Rentabilität muß befriedigend gewesen sein, denn in der

---

[1]) Sh. ist einer der ersten Finanzmänner Japans und jetzt Präsident der Dai Ichi Ginko (I. jap. Bank).

[2]) Die Japaner rechnen in ihren für Europäer usw. bestimmten Angaben nach englischen Landmeilen (zu 1609,3 m), während das anderweitige gewöhnliche Entfernungsmaß das „Ri" = 3927 m (also im Durchschnitt genau eine Wegestunde) ist.

Generalversammlung der Anteilseigner im September 1905 wurde ein Reingewinn von rd. 270 000 ℳ festgestellt, was einer Verzinsung von etwa 6—7 % entsprechen würde. Freilich diente die Bahn zunächst vorwiegend der Personenbeförderung, weil für den Frachtenverkehr der in seinem Unterlauf bis Jongsan (Riusan) bei Söul schiffbare Hanfluß weiter benutzt wurde. In Söul endigte die Linie am Westtor (daher der Stationsname: „Seidaimon", d. h. großes Westtor, während die Station davor „Nandaimon" oder großes Südtor heißt). Heute ist die Linie etwa 9 km vor Söul bei Jöngtungpo (Yeitoho) mit der Stammbahn Söul—Fusan verschmolzen.

Die Beamten waren von Anfang an fast alle Japaner bis auf wenige, in ganz untergeordneten Stellen verwendete Koreaner. Das rollende Material stammte aus den Vereinigten Staaten, die Personenwagen bestanden aus 20 m langen, großen Pullmanwagen, in auffälligem Gegensatz zu den kleinen Lokomotiven. Am 25. Februar 1903 erwarb die japanische Söul-Fusan-Eisenbahngesellschaft die Linie für 641 500 Yen unter Übernahme aller Passiven. Die Mittel hierzu wurden durch Ausgabe von Obligationen im Betrage von 800 000 Yen aufgebracht, deren Überschuß zu Verbesserungen verwendet werden sollte. Mit dem Erwerb der Bahnen dieser Gesellschaft durch die japanische Regierung im Jahre 1906 ging auch die Strecke Söul—Dschemulpo in das japanische Staatsbahnnetz auf. Als Teilstrecke führt sie die Bezeichnung „Jinsen—Branch" und ist — bis zur Vereinigung mit der Stammbahn bei Jöngtungpo (Yeitoho) — 29,6 km lang und hat sechs Stationen. 1906 wurden eingehende Nachbesserungsarbeiten begonnen und 1908 zu Ende geführt. Die Strecke wird heute in etwa 1½ Stunden durchfahren. Der Fahrpreis beträgt rd. 1 ℳ, 1,75 ℳ und 2,50 ℳ für die III. bis I. Klasse. Täglich verbinden 9 Züge, darunter 3 Schnellzüge, in Zeitabständen von 2 zu 2 Stunden in jeder Richtung die Hauptstadt mit dem Meere.

## 2. Die Zentrallinie.

### A. Südlicher Teil: Söul-Fusan.

Die wichtigste Eisenbahn für Korea, zugleich von Bedeutung für den Weltverkehr, ist die große Nordsüdlinie, welche die Hauptstadt mit dem nordwestlichsten und dem südöstlichsten Punkt verbindet. Als Rußland im Vertrage mit China vom 8. September 1896, betreffend Bau und Betrieb der Ostchinesischen Bahn, das Recht erhalten hatte, die transsibirische Bahn quer durch die Mandschurei und ferner von Harbin einen Schienenstrang in südlicher Richtung nach Dalny (Dairen) zu legen, rückte die russische Gefahr für den Standpunkt der Japaner in Korea bedeutend näher. Die Regierung in Tokio und die leitenden Kreise waren sich bewußt, daß dem russischen Bahnbau ein Paroli geboten werden müsse. Hinsichtlich des nördlichen

Teils der Zentrallinie kam Japan zunächst ins Hintertreffen. Bei dem südlichen Teil hingegen gelang es einem ebenfalls von Baron Shibusawa gegründeten Syndikat, am 8. September 1898 eine Konzession für diesen hochwichtigen Bahnbau zu bekommen. Die Bedingungen des — auf Grund eines vorläufigen Vertrages von 1894 — abgeschlossenen „Seoul—Fusan Railway Cooperation Treaty" waren kurz folgende („Hamburger Corresp." 1899): Das für den Bahnbau erforderliche Land überläßt die Regierung unentgeltlich der Gesellschaft zur Benutzung; Gräber dürfen nicht berührt werden. Das vom Ausland eingeführte Material bleibt zollfrei. Als Arbeiter sind hauptsächlich Koreaner einzustellen, die Erdarbeiter müssen zu 90 % Koreaner sein. Zweiglinien dürfen nur von koreanischen Untertanen, nicht von Fremden gebaut werden. Die Hauptlinie kann 15 Jahre nach ihrer Vollendung von der koreanischen Regierung zu einem schiedsgerichtlich festzustellenden Preise zurückgekauft werden. Die Aktien des Unternehmens dürfen nur in Händen koreanischer oder japanischer Staatsangehöriger sein. Als Spurweite wurde die europäische Vollspur (1,435 m), also nicht die japanische Schmalspur (1,0668 m) bestimmt.

Am 25. Juni 1901 gelang die Gründung einer japanischen Aktiengesellschaft: „The Seoul-Fusan Railway Co." mit einem Kapital von 25 Millionen Yen, für das die japanische Regierung eine fünfzehnjährige Zinsgarantie in Höhe von 6 % übernahm. Erst jetzt kam das Werk, das vorher wegen finanzieller Schwierigkeiten nicht hatte begonnen werden können, in Fluß. Mit Rücksicht auf die weitgehende Staatsunterstützung suchte sich die Regierung auch ein weitgehendes Kontrollrecht zu wahren, und so erging im September 1900 eine Kaiserliche Verordnung über den Bahnbau im Ausland. Diese Verordnung, die offenbar nur im Hinblick auf die koreanischen Bahnbauten erlassen worden ist, unterstellt die Bildung von Gesellschaften und Unternehmungen für solche Zwecke der Genehmigung des Verkehrsministers, privilegiert die Aktiengesellschaften aber auch auf der anderen Seite. Satzungsänderungen, Ausgabe von Obligationen, selbst Budgetänderungen bedürfen ministerieller Genehmigung. Auf Grund dieser Verordnung besaß also die japanische Regierung von vornherein das volle Bestimmungsrecht am Bau der Linie Söul—Fusan. Der Chefingenieur der Gesellschaft Kasai legte 1901 der Öffentlichkeit den Plan für die Bahn vor, nach dem sie denn auch so ziemlich ausgeführt worden ist.

Der Bau, dessen Zeit auf 5 Jahre (1901—1905) bemessen war, begann Mitte 1902 und schritt langsam, aber stetig vorwärts. Als der russischjapanische Krieg im Februar 1904 ausbrach, war die Strecke etwa zu drei Vierteln fertig. Jetzt wurde auf Drängen der Militärbehörde der Weiterbau so gefördert, daß am 27. Dezember 1904 der erste durchgehende Zug von Fusan nach Söul fahren konnte. Schon im Dezember 1903 hatte die Regierung in Voraussicht des Kommenden äußerste Beschleunigung befohlen und helfend durch Gewährung zinsloser Darlehen von zusammen 4,08 Millionen Yen eingegriffen. Dem allgemeinen Verkehr wurde die Linie erst nach dem Kriege im November 1905 übergeben, nachdem sie im August 1905 durch Stürme und Überschwemmungen stark beschädigt, aber wieder ausgebessert worden war.

Die Linie ist von der Station Seidaimon an 442,314 km lang. Sie führt von Söul aus zunächst in südlicher Richtung bis Tädschön (Taiden). Hier zweigt südwestwärts eine Linie zur Verbindung der Hafenplätze Kunsan und Mokpo ab. Die Hauptlinie wendet sich bei Tädschön[1]) nach Südosten bis Täku (Taikyu), wo die Richtung wieder südlich wird. Nicht weit vor Fusan bei Samlangdschin (Sanroschin) zweigt noch eine kurze Bahn westwärts zur Verbindung des Hafens Masampo ab. Im nördlichen Teil bis Tädschön verläuft die Strecke ziemlich eben, wenn auch schon links und rechts die Berge zusammenrücken, die mit ihren kahlen, steinigen Halden ein Landschaftsbild von ernster Stimmung bieten. Hat sich die Bahn bis dahin möglichst am westlichen Fuß des Gebirges gehalten, so ist sie nunmehr gezwungen, dieses zu überwinden. Sie steigt daher merklich bis etwa zum Mittelpunkt der ganzen Strecke. Dann senkt sich die Linie in ziemlich gleichmäßigem Gefälle im Tale des Naktongflusses bis zum Endpunkt Fusan. Auf der mittleren Gebirgsstrecke waren erhebliche Schwierigkeiten zu überwinden. 24 Tunnel mit einer Gesamtlänge von 7300 m, davon einer mit 1220 m Länge, mußten gebohrt werden. 229 Brücken waren zu bauen, davon eine mit 460 m über den Naktongkang (Rakuto-ko), und eine mit 400 m über dessen Nebenfluß Kümhokang (Kinko). Die meisten Brücken mußten ähnlich wie in Alt-Japan mit Rücksicht auf die Überschwemmungen sehr viel länger angelegt werden, als die Flüsse gewöhnlich breit sind. Die Linie ist, wie fast alle japanischen, eingleisig. Eine große Erleichterung war es für den Bau, daß man viel verwertbares Material an Ort und Stelle vorfand. Der Boden längs der südlichen Strecke besteht nämlich vorwiegend aus Gneis und Granit, während bei dem nördlichen Abschnitt toniges Erdreich vorherrscht, aus dem gute Ziegel hergestellt werden konnten. Das Holz für Balken und Schwellen mußte allerdings aus dem Ausland — Vereinigte Staaten und auch Japan — bezogen werden, denn der Süden der Halbinsel ist abgeholzt, und Wälder

---

[1]) Bis hierher konnte ich während des russischen Krieges (Dezember 1904) die Bahn benutzen und am gleichen Tage noch nach Söul zurückkommen. Denn die Verwaltung ließ sich die finanzielle Ausnutzung trotz fehlender offizieller Eröffnung für den Privatverkehr wohl angelegen sein. Allerdings gab es nur Wagen III. Klasse. Der Zug war aber voll besetzt und die koreanische Bevölkerung schien sich des Beförderungsmittels schon eifrig zu bedienen.

gibt es in Korea nur noch in einzelnen Distrikten im Norden. Die Anfahrt zur Hauptstadt war eine leichte Aufgabe, insofern einfach die letzten rund 10 km der Bahn von Dschemulpo mitbenutzt wurden und sich auf diese Weise außerdem der Bau einer besonderen Brücke über den Han vermeiden ließ. Eine solche zeigte sich erst Ende 1911 nach Einrichtung des Expreßverkehrs als unentbehrlich und ist Anfang 1913 vollendet worden. Am anderen Endpunkt hingegen, in Fusan, waren große Arbeiten zu leisten. Schon in der Konzession der Kaiserlich Koreanischen Regierung war vorgesehen, daß zur Schaffung eines günstigen Hafengebietes und zur Ermöglichung einer unmittelbaren Warenumladung von Schiff in Eisenbahn große Anschüttungen erfolgen sollten. Der erstrebte Erfolg ist erreicht worden, bereits die zweite große Landungsbrücke mit Schienengleisen wurde Mitte 1913 eingeweiht, und es können jetzt große Seedampfer von 7000 t unmittelbar aus den Eisenbahnwagen laden und in sie löschen. Es ist erklärlich, daß von dem Oberbaumaterial und dem rollenden Material fast nichts aus Japan bezogen werden konnte, woselbst Schmalspur auf dem ganzen Netz herrscht, und daher die einheimischen Eisenbahnbedarfswerkstätten auf Bedürfnisse einer Bahn mit Vollspur nicht eingerichtet waren. So wurden denn die Lokomotiven von Baldwin & Cie aus Philadelphia, die bemerkenswert schweren 40½ kgm-Schienen aus den Carnegiewerken und mehrere tausend Tonnen Stahl besonders an Brückenmaterialien auch aus England bezogen. Die Kosten des Baus beliefen sich auf durchschnittlich 120 000 ℳ für das Kilometer. Nur ein Teil der Personenwagen wurde in Japan hergestellt. Am 1. Januar 1905 verfügte die Betriebsleitung über 28 Lokomotiven, 58 Personenwagen und 230 Güterwagen.

Die Rentabilität der Linie war während der kurzen Zeit des privatwirtschaftlichen Betriebes nicht ungünstig. Bei einem Kostenaufwand von rund 125 000 ℳ für das Kilometer soll das erste Geschäftsjahr eine durchschnittliche Tageseinnahme von 11,65 ℳ pro Kilometer gebracht und bei einer Reineinnahme von 680 160 ℳ eine Verzinsung von 6 % ermöglicht haben. Im Jahre 1906 stieg das günstige Ergebnis weiter. Durch Gesetz vom 30. März 1906 wurde aber die Übernahme der Bahn vom japanischen Staat beschlossen und im Juni des Jahres gegen Entrichtung eines Kaufpreises von 20 Millionen Yen vollzogen. Seitdem bildet die Linie mit der Nordlinie Söul—Sinwidschu (Shingishu) und den zugehörigen Seitenlinien ein wirtschaftliches Ganzes, ein einheitliches Transportunternehmen und soll daher im übrigen im Zusammenhang mit diesen weiter unten behandelt werden.

Mit dem Übergang der Eisenbahnlinien auf den Staat übernahm dieser auch ein im Zusammenhang mit der Bahn eingerichtetes Dampfschiffahrtsunternehmen, die „Sanyo Steamship Company", die alsbald nach Eröffnung der Linie Söul—Fusan einen regen Dampferdienst zwischen Shimonoseki auf japanischer Seite und Fusan begonnen hatte, und zwar zunächst mit zwei Dampfern und recht erfreulicher Rentabilität. (Fahrpreise I. und II. Klasse 10 und 6 Yen). Heute nehmen vier Dampfer den täglichen Fährdienst der rd. 130 Seemeilen (210 km) langen Strecke wahr.

B. **Nördlicher Teil: Söul-Sinwidschu (Shingishu).**

Die bemerkenswerte Beteiligung Frankreichs an der Entwicklung des koreanischen Landes hat sich auch im Eisenbahnwesen kundgegeben. Nicht mit Unrecht wird vielleicht angenommen, daß Frankreich im wesentlichen im Dienste Rußlands gehandelt hat, wenn es — in weniger deutlichem Gegensatz als dieses zu Japan — Einfluß in Korea zu gewinnen suchte. Vielleicht auch war es bloße Unternehmungslust, die die Franzosen auch an diesen neuartigen Unternehmungen zur Teilnahme reizte. Jedenfalls war es eine französische Gesellschaft, die sich die Konzession für die Linie, welche die Hauptstadt mit der Nordgrenze verbinden sollte, geben ließ. Am 4. Juli 1896 wurde diese Konzession an die: „Five Lille Cie" unter der Leitung ihres Ingenieurs Grille verliehen. Freilich macht es den Eindruck, als wenn es weniger auf ein ernstliches Bahnunternehmen, als auf den Ausschluß anderer von einem solchen abgesehen war. Denn das Unternehmen krankte an viel zu geringen Geldmitteln. Es wurden zwar nach einer ganzen Reihe von Jahren, nämlich am 8. Mai 1902, einzelne Arbeiten begonnen, aber nur etwa 10 km Unterbau ohne Schienenlage fertiggestellt. Dieser Umstand läßt jedenfalls auf ein Erkalten des Interesses am Bahnbau schließen, noch mehr indessen die Tatsache, daß die Konzession endlich an die koreanische Regierung zurückgegeben wurde mit dem alleinigen Vorbehalt, daß für den Fall des wirklichen Baues alle Materialien aus Frankreich bezogen und für die Bauleitung französische Ingenieure angestellt werden müßten. Vielleicht hatte auch die russische Diplomatie so gerechnet, daß es besser sei, wenn die Japaner bei einem Vormarsch durch Korea keine Bahnlinie zu ihrer Erleichterung anträfen. Darin hatte sie sich allerdings nicht verrechnet, denn die koreanische Regierung unternahm aus eigenem Antriebe nichts, sodaß die japanische Militärverwaltung später bei Ausbruch des Krieges 1904 sich gezwungen sah, unter Beschleunigung mit allen Mitteln die Linie — ebenso wie die Linie Fusan Söul — vollspurig[1]) zu bauen, die dann mit ihrer allerdings nur als Feldbahn in Spurweite von 60 cm gebauten Fortsetzung von Antung nach Mukden die späteren Truppentransporte zu Lande bis ins

---

[1]) Die wiederholt anzutreffende Behauptung, auch die Strecke Söul—Sinwidschu sei 1904/5 zunächst mit ganz schmaler Feldbahnspur gebaut worden, läßt sich nicht erweisen, im Gegenteil legen an Ort und Stelle eingezogene Erkundigungen dar, daß davon nie die Rede gewesen ist.

Herz der Mandschurei der japanischen Armeeleitung ermöglichte. Für die Fertigstellung dieser zusammen wohl auf 800 km zu schätzenden zwei Bahnen kann der japanischen Energie nur höchstes Lob gespendet werden. Bau und Betrieb wurden zunächst von dem im Februar 1904 geschaffenen Militäreisenbahnamt unter dem Befehl des Etappenoberkommandos der japanischen Armee geleitet. Zugleich wurde auch ganz im Süden die 40 km lange Zweiglinie zur Verbindung des Hafens Masampo mit der Söul—Fusanbahn in Angriff genommen. Die im März 1904 begonnene nördliche Hauptlinie war mit einem Kostenaufwand von rd. 20 Millionen Yen im April 1905 fertig, mit Ausnahme zweier Brücken über den Tschöng tschön kang (Seisenko) und den Tädongkang (Taidoko). Die im August 1904 angefangene Masanlinie wurde im Mai 1905 beendet. Die militärische Leitung der Bahn blieb bestehen bis zum September 1906. Gleich nach dem Kriege machte man sich daran, die Söul—Sinwidschubahn, für deren geschickte Trassierung keine Zeit gewesen war, von Grund auf umzubauen. Auch ihre Verlängerung auf mandschurischem Boden, die Strecke Antung—Mukden, erhielt später Vollspurweite.[1]) Letzterer Ausbau wurde nach Überwindung erheblichen diplomatischen Widerstandes der Pekinger Regierung im August 1909 durchgesetzt, die Linie im Herbst 1911 fertig und gemeinsam mit der Verbindungsbrücke über den Grenzfluß Jalu am 1. November 1911 eingeweiht.

Wenn wir den Stand des Jahres 1906 wählen, so betrugen die ursprünglichen Baukosten der Söul—Widschu- (Keijo—Gischu- oder Keigi-) Linie für eine Länge von damals rund 514 km insgesamt etwa 30 Millionen Yen oder für das Kilometer rd. 118 675 ℳ. Dieser nicht allzu hohe Durchschnittsbetrag hat sich freilich später durch die Nachbesserungen und Veränderungen erheblich erhöht. Der Umbau begann schon im Dezember 1904, jährlich wurden dann ungefähr 71 km gründlich neugebaut, so daß das ganze Werk 1911 vollendet werden konnte. Der Endpunkt der Bahn an der Brücke über den Jalu heißt japanisch Shingishu (gleich Neuwidschu), er ist 500,88 km von der Station „Großes Südtor" in Söul entfernt, oder unter Abzug der bereits bei der Söul-Fusanlinie gerechneten Strecke Nandaimon—Jongsan (Riusan): 497,663 km.

Bedeutende technische Schwierigkeiten waren nicht zu überwinden. Allerdings mußten auf dem Bauabschnitt Tosöng—Hanpo (Dojyo—Kampo) zwei Tunnel von zusammen 700 m Länge und 20 Brücken, zusammen rund 500 m lang, gebaut werden. Die Änderungen bezogen sich nicht nur auf den eigentlichen Bau, sondern vielfach wurde sogar eine ganz neue Trasse gewählt, und dadurch wurden Abkürzungen und Verbesserungen der Steigungs- und Kurvenverhältnisse erzielt. Ferner wurden zahlreiche provi-

---

[1]) Vgl. Preyer, Die Entwicklung des chinesischen Eisenbahnwesens in den letzten drei Jahren (1909—1911) im Archiv für Eisenbahnwesen 1913. S. 975.

sorische Brücken durch massive endgültige Bauten ersetzt, Steigungen von 1 : 30 auf 1 : 100 ermäßigt, Krümmungsdurchmesser von 201,2 m in solche von wenigstens 402,5 m verwandelt, statt Schienen im Gewicht von 30 kgm solche von 37½ kgm verlegt. Ein Tunnel von etwa 130 m Länge und eine größere Anzahl Brücken — 19 mit insgesamt rd. 400 m Ausdehnung — waren noch auf dem letzten Bauabschnitt zwischen Dschöng-dschu (Teishu) und Neuwidschu erforderlich.

Als ein ganz besonderes Werk der Technik verdient jedoch die Brücke über den Jalu angesprochen zu werden. Sie erst bringt das koreanische Eisenbahnnetz in Kontakt mit den Eisenbahnen des asiatischen und europäischen Kontinents. Der Bau dieser Stahlbrücke begann auf der chinesischen Seite am 1. August 1909. Die Gesamtlänge beträgt 947,29 m. In zwölf Spannungen von 60 bis 90 m wird die Flußbreite überquert. In der Mitte ist ein Brückenteil drehbar angeordnet, um die Durchfahrt hochmastiger Schiffe zu ermöglichen. Dieser Drehteil hat eine Länge von 91 m. Die Kosten der Brücke haben sich auf rund 5,6 Millionen ℳ belaufen. Am 1. November 1911 konnte die Brücke feierlich eingeweiht werden, und seit diesem Tage ist der äußerste Westen der zusammenhängenden größten Landmasse der Erde mit deren äußerstem Osten, sind Lissabon und Fusan durch einen ununterbrochenen Schienenweg verbunden.

Das Material zum Bau und Umbau der Linie Söul—Widschu stammte aus Japan, einzelne Bestellungen mögen auch wohl ans Ausland gefallen sein, so vor allem an die Vereinigten Staaten von Amerika.

Die Verwaltung und mit ihr die Leitung der Umbauarbeiten ging 1905 aus den Händen der Militärverwaltung in die der Zivilbehörden (zunächst: japanische Generalresidentur) über. Heute durchfahren täglich zwei Schnellzüge, ein Tagesexpreß und ein Nachtexpreß, in etwa zehn Stunden die Strecke in jeder Richtung, wobei die Fahrpreise von Söul bis Antung (mandschurische Grenzstation) in der I.—III. Klasse 33, 23,16 und 13,20 ℳ betragen. (Näheres über den durchgehenden Verkehr siehe Kapitel III.) Die Rentabilität sollte außer allem Zweifel stehen. Es ist aber verständlich, wenn sie sich heute noch nicht in großen Gewinnen praktisch ausdrückt. Denn die Zustände in Korea sind nach den tief eingreifenden Umwälzungen noch zu wenig eingelebt, und die ganze Entwicklung steht noch zu sehr im frühesten Beginn, als daß bereits ein zuverlässiges Urteil sich bilden ließe.

### 3. Die Zweiglinien.

In den amtlichen Berichten gelten neben der Stammbahn Fusan—Söul—Sinwidschu die übrigen Bahnen als Zweiglinien. Wir schließen uns dieser Betrachtungsweise an. Die südlichste Nebenlinie verbindet den Hafen Masampo (Masan) mit der Station Samlangdschin (Sanroshin) der Stammbahn, etwa bei km 49 nördlich von Fusan. Die Zweigstrecke ist ca. 40 km lang und hat fünf Stationen. Masampo mußte wegen seiner Lage unmittelbar neben der Bucht von Dschinhä (Chinkai) — des anerkannt besten natürlichen Schutzhafens in Korea, welcher gegenwärtig denn auch an Stelle von Port Arthur zum japanischen Kriegshafen erster Klasse ausgebaut wird — ein willkommener Landungsplatz für die Militärverwaltung im Kriege 1904/05 sein. So kam es, daß die Zweiglinie durch japanische Ingenieuroffiziere noch während des Krieges begonnen wurde und bereits im Mai 1905 vollendet war. Die Kosten für diese Linie, die vorwiegend mit japanischem Material normalspurig hergestellt wurde, betrugen einschließlich aller Nacharbeiten, die der überrasche Bau nötig machte, bis zum 31. März 1907 rund $2^1/_3$ Millionen Yen oder 122 210 ℳ für das Kilometer. Nach ihrer flüchtigen Ersthertellung beschloß man, in ruhigem Tempo die Linie in vier Jahresabschnitten neu zu bauen, was auch in den Jahren 1907—1909 ausgeführt worden ist. Besondere technische Schwierigkeiten waren nicht zu überwinden. Nur erheischte die Überquerung des Naktongkang (Rakutu-ko) kurz vor der Vereinigung der Linie mit der Stammbahn den Bau einer längeren Brücke. Kurze Tunnel von zusammen 381 m Länge und eine Reihe von Brücken, die zusammen 1068 m messen, waren herzustellen. Mit der Übernahme der sämtlichen Bahnen in die Staatsverwaltung im Jahre 1906 ging auch diese Linie aus der militärischen Leitung in die eisenbahnamtliche über. Besondere Angaben über ihre Rentabilität waren nicht zu erlangen, wie ja auch anzunehmen ist, daß ihre Bedeutung wegen der Konkurrenz Fusans mit Masampo[1]) nie sehr groß werden wird, welch letzteres zudem wegen seiner Nähe von Dschinhä am 31. Dezember 1910 als geöffneter Hafen aufgehört hat zu bestehen.

Von größerer Bedeutung ist die von Tädschön (Taiden) an der Hauptbahn abzweigende Linie zu den beiden Häfen Kunsan und Mokpo. Die Linie Taiden—Mokpo wird kurz Honambahn (Konanbahn) genannt. Ihre Gesamtlänge beträgt 259,5 km, sie wurde in Teilstrecken dem Betrieb übergeben und am 11. Januar 1914 vollständig fertiggestellt. Dazu kommt noch die bereits seit Herbst 1912 beendete, bei Iri (Riri) abzweigende, 22,0 km lange Bahn zu der Hafenstadt Kunsan. Große technische Aufgaben waren nicht zu lösen. Die Materialien für die Bahn sind fast ausschließlich japanisch, Unternehmer ist der Staat, nachdem der japanische Reichstag 1910 15 Millionen Yen für die Strecke bewilligt hat. Es ist nicht zu zweifeln, daß die Bahn ein gesundes Unternehmen darstellt, führt sie doch durch die beste Reisgegend Koreas. Die beiden Häfen, denen durch sie ein weites

---

[1]) Fusan hatte 1913 einen Gesamthandel im Werte von 27½ Millionen Yen, Masampo nur von 1¼ Millionen Yen, und zwar zumeist Marineeinfuhr für den Hafenbau von Dschinhä.

Hinterland erschlossen wird, standen im Jahre 1913 unter den dreizehn koreanischen Einfuhrplätzen an vierter und siebenter Stelle, und zwar Kunsan mit einem Handelswert von ca. 7½ Millionen und Mokpo mit ca. 4¾ Millionen Yen.

Die bei Söul abzweigende Linie nach Dschemulpo haben wir schon oben unter 1 (S. 5) kennen gelernt.

Bei Söul zweigt sodann ferner die wichtigste Seitenlinie ab, die mit der Zeit mehr den Charakter einer Hauptbahn bekommen wird. Es ist die Strecke Jongsan—Wonsan (Riusan—Gensan oder Keijo—Gensan, daher Kei—Gen-Bahn genannt). Jongsan ist eine Art Vorstadt von Söul. Wonsan liegt im Nordosten der Hauptstadt an der Küste und ist der einzige bedeutendere Hafen an der schwer vom Binnenland zugänglichen Ostküste, mit einem Jahreshandelswert von 6,7 Millionen Yen (1913) den sechsten Rang einnehmend. Die Linie ist veranschlagt auf eine Länge von rd. 220 km[1]) und war Anfang 1914 von Söul (Riusan) aus bis Kumpallang (Kenfutsuro) 139,178 km, und von Wonsan (Gensan) aus bis Kosan (Dojo) 45,212 km fertig und dem Verkehr übergeben. Die Vollendung der Reststrecke Kentfutsuro—Kosan mit 34,915 km Länge bis Herbst 1914 ist gesichert. Die Linie wird vor allem politische Bedeutung erhalten, wenn ihre geplante Verlängerung nach Nordosten über Gensan hinaus bis zur chinesischen Grenze bei Hoiriong (Kainei) erfolgt sein wird (siehe darüber unten Kapitel III). Auf der noch offenen Strecke gilt es, schwere Aufgaben zu überwinden. Das Rückgratgebirge Koreas nähert sich nämlich an dieser Stelle stark der See, hier liegen unweit die berühmten Diamantberge Koreas — der Kümkangsan (Kongosan) —, und die Ostküste fällt stellenweise mit 1400 m Höhe fast unvermittelt zum Meere ab. Welche technischen Schwierigkeiten solches Gelände dem Bahnbau zu bieten vermag, braucht nicht näher dargelegt zu werden. Die Bahn wird als Vollbahn gebaut und soll 16 Millionen Yen kosten, was einem Durchschnittspreise von 152 000 ℳ für das Kilometer entsprechen würde. An eine Rentabilität ist daher vorläufig kaum zu denken.

Wonsan (Gensan) liegt ungefähr an der schmalsten Stelle der Halbinsel, und eine Eisenbahndurchquerung in ostwestlicher Richtung scheint daher hier am ehesten angängig (siehe darüber unten Kapitel III). Ein Teilstück einer solchen — wirklich projektierten — Querbahn ist auch schon in Gestalt der Zweigbahn vorhanden, die den Hafen Dschinnampo mit

---

[1]) Die Länge der Kai-Gen-Bahn steht noch nicht genau fest. Bei der Baubewilligung im Parlamente lag die Zahl 136,3 Meilen (219,307 km) vor. Der letzte Bahnbericht von 1912 spricht von 138,33 Meilen. Jetzt soll dem Vernehmen nach die Strecke durch einen nachträglich beschlossenen Tunnelbau noch weiter verkürzt werden. Es wird daher hier mit der alten Zahl 136,3 weiter gerechnet.

der Stammbahn Söul—Widschu verbindet. Die Zweiglinie geht vom alten Pjöng-jang (Heijo) westlich nach Dschinnampo und östlich nur wenige Kilometer bis zum Kohlenbergwerk bei Sadong (Jido). Pjöng-jang liegt 265 km nördlich von Söul, ungefähr in der Mitte zwischen der Hauptstadt und der nördlichen Grenze (Sinwidschu), und ist einer der wenigen Orte, die auch schon früher eine gewisse Bedeutung durch Einwohnerzahl, Handel usw. hatten. Der Hafen Dschinnampo, zu dem die Eisenbahnentfernung ca. 55 km beträgt, ist 1913 mit mehr als 7 Millionen Yen Handelswert der fünftwichtigste. Die Bedeutung dieser Zweiglinie ist daher nicht gering und wird insbesondere mit dem Bau der Querbahn nach Gensan noch erheblich steigen. Das östliche Stückchen Pjöng-jang—Sadong ist noch von rein lokaler Bedeutung. Die Strecke Pjöng-jang—Dschinnampo wurde im August 1909 begonnen und ohne besondere Schwierigkeiten im Oktober 1910 vollendet. Sie hat zahlreiche kleine Brücken in einer Gesamtlänge von rd. 900 m und vier Stationen.

Noch eine Zweiglinie geht bei dem Orte Koschu, 36 km südlich Pjöng-jang von der Stammbahn nach Westen ab und erreicht mit 14 km Länge den Tädongkang (Taido-ko) kurz oberhalb seiner Mündung ins Meer bei Kiom-ipo (Kenjiho).

Der Vollständigkeit halber sei noch die in Söul bestehende elektrische Straßenbahn sowie die Kleinbahn bei Fusan erwähnt, die gleichfalls der Eisenbahnzentrale in Söul bahnpolizeilich unterstehen. Die erstere wurde der Konzessionsgesellschaft: der „American—Korean Electric Co." im August 1909 abgekauft und wird jetzt (Anfang 1914) von einer japanischen Gesellschaft, der „Nikkan Gas & Electric Co.", in einer Betriebslänge von 25,9 km geleitet. Die Kleinbahn in und bei Fusan wurde der Fusan Railway Co. im Februar 1911 abgekauft und wird jetzt von der japanischen „Chosen Gas & Electric Co." in Fusan mit etwa 22 km Länge betrieben. Endlich ist noch eine 2 km lange Trambahn in Pjöng-jang (Heijo), und zwar vom Bahnhof zur Stadt, vorhanden. Das e i n g e z a h l t e Kapital der beiden Gesellschaften, welche aber außer dem Trambahnbetrieb sich noch mit der Erzeugung und Abgabe von Gas und von Elektrizität befassen, war 1912 3 750 000 Yen und 1 050 000 Yen. Die letzte Jahresdividende betrug 9 % und 7½ %.

Ganz im Norden des Landes, woselbst eine japanische Brigade in Lanam (Lanan) ihren Standort hat, befinden sich endlich noch zwei auf Veranlassung der Militärverwaltung gebaute Linien, sogenannte „Kulibahnen". Triebkraft ist menschliche Schiebearbeit, die Spurweite rd. 60 cm. Die Leitung der zwei Linien hat ihren Sitz in Hamhung (Kanko) und in Tschöngdschin (Seishin). Die Strecke vom kleinen Hafenorte Söhodschin (Seikoshin) nach Hamhung (Kanko) ist 13 km lang, und die drei Teilstrecken bei Tschöng-dschin, deren Hauptlinie bis zur chinesischen Grenze bei Hoiriong (Kainei) am Tumenfluß hinaufreicht, haben zusammen eine Länge von 125 km. Beide Bahnen kleinsten Stils beförderten im Finanzjahr 1912 22 787 Tons Güter und 41 281 Personen.

### III. Kapitel.
### Das Bahnnetz als ganzes unter japanischer Verwaltung; geplante Bahnen (Automobilverkehr, Kleinbahnen).

Die Verwaltung der Eisenbahnen in Korea und ihre Entwicklung zeugt von der fruchtbaren Energie, mit der das Inselvolk sein neues kontinentales Kolonialgebiet emporzuführen bestrebt ist. Zielbewußt und weitsichtig sind die schon zu Zeiten, als das durch den Frieden von Shimonoseki von Chinas Vormundschaft befreite Korea noch volle politische Selbständigkeit genoß, getroffenen Maßnahmen. Ihnen reihen sich würdig die späteren Taten japanischer Verwaltung an. Man wird diesen ein hohes Maß von Bewunderung nicht versagen, wenn man sich vor Augen hält, daß das Kaiserreich Japan durchaus nicht reich und ohne weiteres imstande ist, ein gewaltiges Anlagekapital in seine Neugründung zu stecken. Aber die Japaner haben vom militärischen wie vom kolonialen Gesichtspunkte aus ihre Erkenntnis bewiesen, daß zur Erschließung und Beherrschung eines Landes der Eisenbahnbau die erste und wichtigste Aufgabe ist. Neben dem militärischen Zweckgedanken haben wir die Bahnbauten und die Eisenbahnpläne Japans in Korea als Teile der kolonialen Aufschließungs- und Angliederungsarbeit zu verstehen, mit der das etwa 400 000 qkm große Land sich um die Hälfte seines Areals vergrößert und seiner Bevölkerung von rund 52 Millionen Seelen (ohne Formosa mit 3,4 Mill.) mehr als ein volles neues Viertel (d. h. fast 15 Millionen) hinzugefügt hat. Mit großem Eifer hat Japan die verschiedensten Aufgaben zur Entfaltung der in dem rückständigen Volke und Lande ruhenden Kräfte in Angriff genommen, dem Eisenbahnwesen hierbei auch rein pekuniär die erste Rolle lassend.

Von den wichtigen Maßnahmen, die die japanische General-Residentur, das spätere General-Gouvernement in „Dschosön" getroffen hat, sei erwähnt, daß außer der Neuordnung des Polizeiwesens und der Rechtspflege, die erhebliche Summen verschlungen hat, eine Währungsreform erfolgreich durchgeführt worden ist; zahlreiche sonstige Reformen wirtschaftlicher und anderer Art, z. B. im Verkehrswesen (Post, Telegraph, Telephon), industrielle und landwirtschaftliche Unternehmungen (Bewässerungsanlagen, Aufforstung), Sanitätswesen, Erziehungswesen, öffentliche Arbeiten (Wasserleitungen, Hafen- und Straßenbauten) sind unternommen werden.[1]) Dennoch hat die japanische Regierung anfänglich noch verschiedentliche Insurrektionen, deren sie zunächst durchaus nicht völlig in allen entlegenen und gebirgigen Landesteilen hat Herr werden können, zu beklagen gehabt, als deren traurigste Ergebnisse der Mord des Fürsten Ito im Oktober 1909 und der Mordanschlag gegen den koreanischen Ministerpräsidenten Yi Wan Yong einige Zeit darauf im Dezember des gleichen Jahres zu verzeichnen sind, nicht zu vergessen das — wenn auch nicht ganz aufgeklärte, so doch sicher nicht völlig aus der Luft gegriffene — Komplott gegen den General-Gouverneur Grafen Terauchi. Das Attentat gegen Ito blieb nicht ohne Einfluß auf den Entschluß Japans zur Erklärung der endgültigen Annektion Koreas im August 1910. Daß Japan unter den obwaltenden Umständen eine starke Militärmacht von 1½ Divisionen im Lande hält und diese Truppe auf zwei volle selbständige Divisonen zu bringen bestrebt ist, erscheint nur verständlich. Zur Durchführung der friedlichen Reformarbeit hatte es am Schluß des Finanzjahres 1912 17 066 Beamte über das ganze Land verteilt. Hierunter befinden sich die Beamten der Eisenbahnverwaltung mit 2044 Köpfen (nicht gerechnet 6269 Arbeiter in den Werkstätten usw.). Auch die japanische Einwanderung, die vielfach amtlich durch Maßnahmen innerer Kolonisation, Anlage von Musterpflanzungen usw. gefördert wird, beginnt an Bedeutung zu gewinnen, denn 1909 belief sich die japanische Bevölkerung der Halbinsel bereits auf 146 147 Seelen und Mitte 1913 auf 246 146 Seelen, während die übrigen Nichtkoreaner außer rund 19 000 Chinesen nur eine verschwindende Minderheit von 1008 Menschen (zu ¾ aus Missionaren und ihren Familien bestehend) ausmachen. Mitte 1913 waren von der Regierung eingerichtete oder unterstützte Schulen aller Art vorhanden: 222 für Japaner und 432 für Koreaner. Daneben gab es 496 Missionsschulen und 834 koreanische Privatschulen. Letztere beiden Arten nehmen merklich von Jahr zu Jahr ab (Ende 1911 gab es noch 1700), die Regierungsschulen nehmen zu. An Regierungskrankenhäusern bestanden Anfang 1914 ein großes Hospital in Söul, verbunden mit Medizinschule, und in jeder der 13 Provinzen ein Armenhospital. Die Zahl der Missionshospitäler beläuft sich auf 31. Dazu kommen 4 Hospitäler von fremden Bergwerksgesellschaften und je ein Hospital der 13 an den früheren Residentursitzen bestehenden, japanischen Gemeindeverwaltungen. Dies alles sind Neuschaffungen, denn die alte koreanische Kaiserregierung hatte in erwähnter Richtung nicht das geringste getan.

---

[1]) Vgl. hierzu Preyer, Die japanische Kolonisation in Korea etc. in „Weltverkehr und Weltwirtschaft" 1913. S. 254/9.

Die größten Mittel aber sind nächst der Armee dem Eisenbahnwesen zugeflossen. Denn die Ausgaben Japans in Korea — in Yen zu 2,10 ℳ gerechnet — setzten sich nach den Jahresbudgets in den Finanzjahren 1906—1910 zusammen, wie folgt:

|  |  | 1906 | 1907 | 1908 | 1909 | 1910 |
|---|---|---|---|---|---|---|
| Ordinarium | Generalresidentur und 13 Residenturen .. | 1 223 117 | 1 367 873 | 1 165 916 | 1 201 886 | 969 436 |
|  | Justizwesen u. Gefängnisse ........ | — | — | — | 1 312 490 | 3 300 383 |
|  | Verkehrswesen .... | 1 184 924 | 343 070 | 305 760 | 168 711 | — |
|  | Garnison-Armee.... | 2 179 424 | 1 148 097 | 4 164 510 | 3 231 818 | 4 138 363 |
|  | Flottenstützpunkt ... | — | 70 995 | 88 891 | 144 151 | 169 736 |
| Extraordinarium | Darlehen an die koreanische Regierung.. | — | 1 769 503 | 5 259 580 | 4 653 540 | 2 600 000 |
|  | Subsidien an Gesellschaften ...... | — | — | 300 000 | 300 000 | 300 000 |
|  | Andere Subsidien ... | 182 824 | 40 000 | 50 000 | 65 000 | 80 000 |
|  | Außerordentliche Ausgaben ....... | 621 831 | 437 440 | 351 279 | 309 363 | 295 012 |
|  | Justizwesen u. Gefängnisse ........ | — | — | — | — | 152 440 |
|  | Verkehrswesen .... | — | 364 587 | 259 590 | 300 000 | 296 857 |
|  | Garnison-Armee.... | 12 692 098 | 8 826 932 | 10 951 272 | 7 256 783 | 4 660 580 |
|  | Flottenstützpunkt ... | — | 580 861 | 24 443 | 31 222 | 733 250 |
| Spezial-Rechnung | Forstwesen ...... | — | 300 000 | 300 000 | — | — |
|  | Eisenbahnen ... | 12 117 025 | 12 098 045 | 7 661 533 | 4 413 618 | 3 500 000 |
|  | Gesamtsumme .. | 30 201 124 | 27 347 403 | 30 882 774 | 23 388 582 | 21 196 057 |

Nach der Annektion vom Finanzjahr 1911 ab beginnt dann die Geldwirtschaft des General-Gouvernements. Diese Zahlen sprechen für sich selbst, um den hohen Rang erkennen zu lassen, den gleich von Anbeginn der japanischen Protektoratszeiten die Ausgaben für Eisenbahnwesen unter den sonstigen Staatsbedürfnissen eingenommen haben. Bemerkt sei noch, daß diesem Budget, dessen Einnahmeseite von der japanischen Regierung allein bestritten wird, ein zweites Budget der koreanischen Regierung gegenüberstand, das 1910 mit einem Betrage von 23 765 594 Yen abschloß, und dessen Einnahmeseite sich aus Steuern und

Anleihen, und dessen Ausgabeseite sich aus den Aufwendungen für den Hof und die Verwaltung des Innern, der Finanzen und des Ackerbaus im wesentlichen zusammensetzten. In den sich an 1910 anschließenden Jahren bringt das Sonderbudget des General-Gouvernements folgende Ausgabenbeträge, die kaum zur Hälfte durch Einnahmesummen aus Korea gedeckt sind:

1911 .... 48 741 782 Yen,  darunter für Eisen-  13 777 867 Yen,
1912 .... 52 892 209   „   bahnen (Betrieb und  15 217 338   „
1913 .... 57 989 610   „   Neubau usw.)         15 534 041   „ .

Die Ausgaben in dem Anfang Januar dem Parlament in Tokio eingereichten Budgetentwurf für 1914 beziffern sich auf:

1914 .... 59 362 927 Yen, ... darunter wie oben 15 500 000 Yen.

Über die Gesamtausgaben für die Eisenbahnen Koreas sei folgendes bemerkt: der Gesamtkapitalaufwand für die Bahnen in Korea belief sich bis Ende 1905 auf . . . . . . . . . . 66 384 078 Yen;
dazu kommen in den folgenden Jahren: 1906 . .   2 122 996   „
            1907 . . 10 238 434   „
            1908 . .   7 661 532   „
            1909 . .   3 017 703   „
            1910 . .   6 144 904   „
            1911 . .   9 013 874   „
            1912 . .   9 380 529   „
         zusammen . . . 113 964 050 Yen,

oder weit über 200 Millionen Mark.

Dieses stattliche Kapital ist mit bedachtsamer Verteilung auf die einzelnen Jahre nach und nach verausgabt worden, wie aus den vorstehenden Zahlen erhellt. Die im Finanzjahr 1912 aufgewendeten Bau- und Umbaukosten von über 8 Millionen Yen verteilten sich im einzelnen, wie folgt:

   Allgemeines . . . . . .   138 423 Yen,
   Kei-Gi-Linie . . . . . . 2 025 486   „
   Hei-Nan-Linie . . . . .      —       „
   Konan-Linie . . . . . 1 733 336   „
   Kei-Gen-Linie . . . . . 2 985 891   „
   Kei-Fu-Linie . . . . .   332 415   „
   Rollendes Material . . .  720 800   „
   Hotels . . . . . . . .   146 425   „ .

Die Kapitalien selbst strömten aus dem japanischen Staatssäckel. Zum Teil wurden sie mit als Kriegskosten für 1904/05 verrechnet und aus den hierfür gebildeten Fonds entnommen. Ferner wurden — nach chinesischem Vorbild — die Überschüsse anderer Bahnen, nämlich der südmandschurischen Bahn, zur Fortführung der Bauten in Korea als Anlagekapitalien verwendet. Die Regierung Japans ist nämlich auf Grund ihrer beträchtlichen Einbringungen an Liegenschaften und Materialien, wie auch an Rechten usw. Großteilhaber an der südmandschurischen Bahn. Der auf staatlichen Aktienbesitz fallende Dividendenbetrag wird auf jährlich über 3 500 000 Yen geschätzt. Diese 3½ Millionen steuert die Regierung alljährlich zum koreanischen Bahnbau zu, wie im März 1910 zunächst für elf aufeinanderfolgende Jahre gesetzlich festgelegt ist. Durch den jetzigen General-Gouverneur, General Grafen Terauchi hat der Bahnbau eine erhebliche Beschleunigung und damit haben die jährlichen Kapitalaufwendungen eine Erhöhung erfahren.

Das Eisenbahnwesen Koreas verdankt seine endgültige Gestaltung dem japanischen Gesetz Nr. 17, betr. die Eisenbahnverstaatlichung, und Nr. 18, betr. den Ankauf der koreanischen Eisenbahn Söul—Fusan von 1906. Es herrscht für die Vollspurstrecken ausnahmslos das Staatseisenbahnsystem. Die Schmalspurstrecken werden jetzt der Privattätigkeit überlassen. Unsicherheit hat nur einige Jahre lang in der Frage bestanden, wo und in wessen Händen die Oberleitung der Eisenbahnen in Korea liegen sollte. Die Bahnen gehörten zu Zeiten des Fürsten Ito zum Ressort des Eisenbahnamts der General-Residentur. Während der Amtszeit seines Nachfolgers Vicomte Sone kamen sie auf Grund kaiserlichen Erlasses Nr. 336 im Dezember 1909 unter die unmittelbare Abhängigkeit vom Eisenbahnministerium in Tokio. Als im Frühjahr 1910 Vicomte Terauchi (nach Durchführung der Annektion „Graf" T.) die General-Residentur übernahm, machte er es zur Bedingung, daß ihm die Bahnen wieder unterstellt würden. Dies geschah. Seit Einrichtung des General-Gouvernements am 1. Oktober 1910 unterstehen die koreanischen Bahnen „The Railways of the Government General of Chosen" wohl endgültig dem in Jongsan (Riusan) bei Söul befindlichen Eisenbahnamte des General-Gouvernements („Railway Bureau of the Government General of Chosen"), gegenwärtig unter Leitung von Dr. ing. Gompei Oya. Graf Terauchi setzte weiter beim erstmaligen koreanischen Spezialbudget für 1911 durch, daß eine erhebliche Abkürzung der Bauzeit eintrete. Aus militärischen Gründen wie aus Gründen allgemeiner Sicherheit in dem damals im Innern noch nicht völlig beruhigten Lande schien ihm dies wohl mit Recht unerläßlich. Im März 1910 waren vom Reichstage in Tokio die Kei-Gen-Linie (Söul—Wonsan) und die Konan-Linie (Tädschön—Mokpo) genehmigt worden. Die für die Bahnbauten bewilligten Summen hatten sich bis dahin auf insgesamt 62 397 343 Yen belaufen, während die Kaufpreise für die erworbenen Linien mit Anleihen aufgebracht wurden. Von den

62 Millionen Yen waren bis 1910 rd. 26 Millionen ausgezahlt. Von da ab sollte in elf Jahresraten ein weiterer Betrag von etwa 36 Millionen Yen aufgewendet werden. General-Gouverneur Graf Terauchi wußte nun diesen Zeitraum auf nur fünf Jahre herabzudrücken, wodurch eine Mehrforderung von 1 298 715 Yen nötig wurde. Nunmehr sollte die von 1911 an zur Verfügung stehende Summe nach folgendem Plane ausgezahlt werden: 1911 und 1912 je rd. 8½ Millionen, 1913 rd. 9 Millionen, 1914 rd. 7 Millionen und 1915 etwa 4½ Millionen Yen. Das Interesse des General-Gouverneurs gerade am Bahnbau ist sehr groß; so hat er, wenn irgendmöglich, die feierliche Eröffnung der einzelnen Teilstrecken der zuletzt erbauten Bahnen persönlich vorgenommen. Bei solchen Gelegenheiten feuerte er in seinen Festreden immer wieder zu rascher Arbeit an. Dank dieses Druckes ist der Bau stockungslos, ja sogar schneller, als im Programm vorgesehen, vorwärts geschritten.

Die im Januar 1914 fertigen Bahnstrecken Koreas messen rund 1567 km[1]). Nach dem letzten veröffentlichten Bericht für das Finanzjahr 1912 (abschließend mit dem 31. März 1913) waren an Fahrbetriebsmitteln vorhanden 138 Lokomotiven, 209 Personenwagen und 1445 Güterwagen. Von den Lokomotiven waren 4 achträdrige und 84 zehnrädrige Tankmaschinen mit je drei Kuppelachsen, im übrigen Tendermaschinen, und zwar 2 vierrädrige und 6 achträdrige mit 2 Kuppelachsen, 30 zehnrädrige mit 6 Kuppelachsen, 6 mit Verbundzylindern, zehnrädrig und mit 6 Kuppelrädern, endlich noch 6 zehnrädrige mit 8 Kuppelrädern. Bemerkt sei, daß im letzten Jahre 14 deutsche, von A. Borsig gebaute Lokomotiven zur Ablieferung gelangten. Die Personenwagen bestanden aus 73 Wagen I. und I. und II. Klasse, der Rest aus solchen III. Klasse, davon 31 II. und III. Klasse. Die Wagen sind hoch und luftig gebaut und auch in der III. Klasse verhältnismäßig bequem. Der gesamte Wagenpark bot Platz für 621 Reisende I., 1600 Reisende II. und 10 664 Reisende III. Klasse. In die Zahl dieser Wagen gehören endlich auch noch eine Reihe von Wagen für Postzwecke, die vielfach mit Personenabteilen zusammengebaut sind. Die Güterwagen zeichnen sich durch ziemliche Größe aus, haben doch nicht weniger als 750 eine Tragkraft von 26 Tonnen, 349 eine solche von 22, sodann 4 von 14 und 342 von 10 Tonnen. 464 Wagen sind gedeckt und vermögen 11 808 Tonnen aufzunehmen, der Rest besteht aus offenen Wagen mit einer Tragkraft von 18 790 Tonnen.

Die Leistungen des ganzen Transportunternehmens waren in den letzten Jahren folgende:

---

[1]) D. h. 1601,596 km abzüglich der noch nicht fertigen Strecke der Wonsan-Bahn zwischen Kum-pal-lang und Kosan 21,7 Meilen oder 34,915 km, also 1566,681 km.

|  | 1911 | 1912 | 1913[1] |
|---|---|---|---|
| Zugmeilen | 2 307 667 | 3 015 987 | — |
| Personenwagen-Zugmeilen | 6 675 157 | 9 449 727 | — |
| Güterwagen - „ | 13 295 264 | 15 246 710 | — |
| Beförderte Personen | 2 429 687 | 4 399 022 | 4 143 903 |
| Personenmeilen | 104 996 040 | 165 034 551 | — |
| Beförderte Tonnen | 1 063 111 | 1 105 362 | 1 425 246 |
| Tonnenmeilen | 90 428 325 | 100 282 500 | — |
| Die Einnahmen betrugen aus dem: | | | |
| Personenverkehr . . Yen | 2 719 487 | 3 545 225 | 3 869 072 |
| Güterverkehr . . . „ | 2 471 240 | 2 281 743 | 2 478 841 |

Nach dem Jahrbuch des Finanzministeriums sind die Erträgnisse für 1911 und 1912 um 2—300 000 Yen geringer [2]).

Das Tarifwesen ist entsprechend dem Altjapans geregelt. Der Fahrpreis ist höher und beträgt 2 sen f. d. Meile (2,61 Pfennige für das Kilometer) in der III. Klasse.[3]) Für die II. Klasse erhöht er sich um 75 %, für die I. Klasse um 150 %. Für Kinder bestehen Ermäßigungen ähnlich denen der deutschen Eisenbahn. Freigepäck für die Reisenden wird gewährt in der I. Klasse 100 kin (gegen 60 kg), in der II. Klasse 60 kin (etwa 36 kg) und in der III. Klasse 30 kin (etwa 18 kg).

Während die ursprünglich auch im Personentarif wie in Alt-Japan herrschenden Differenzialsätze vereinheitlicht worden sind, bestehen sie im Frachtentarif noch weiter. Bei den zur Bahnbeförderung gelangenden Gütern werden Waren allgemeiner Art und Waren besonderer Art unterschieden. Zu letzteren gehören lebende Tiere, zerbrechliche Sachen, Wagen (auch Fahrräder, Automobile), Sprengstoffe und Leichen. Die

---

[1]) Die Zahlen für 1913 entstammen der „Soeul Press" vom 23. Januar 1914 und beziehen sich auf das Kalenderjahr 1913. Die entsprechenden Zahlen für 1911 und 1912 umfassen das Finanzjahr, sind also nicht absolut vergleichbar. Immerhin zeigen die Angaben für 1913 die dauernde erfreuliche Verkehrszunahme und bilden jedenfalls das neueste Material. Nach der Zeitungsangabe übertrifft das Ergebnis der Einnahmen das des gleichen vorjährigen Zeitraumes um 744 777 Yen, darunter um 567 356 Yen Personengeldmehreinnahme.

[2]) Die Geldzahlen in den Jahresberichten des Eisenbahnamtes stimmen zum Teil mit denen im Jahrbuch des japanischen Finanzministers nicht überein. Dies beruht nach zuverlässiger Auskunft darauf, daß das Eisenbahnamt die Summen angibt, die wirklich nach Tokio abgeführt worden sind, das Finanzministerium hingegen hiervon die Beträge abzieht, die im Verrechnungswege den japanischen Eisenbahnen zuzuschreiben waren. Die Zahlenangaben dieses Aufsatzes gehen auf die Berichte des Eisenbahnamtes zurück.

[3]) In Altjapan je nach Entfernung 2,15 bis 1,3 ₰ f. d. km, vgl. hierzu Preyer, „Japanische Eisenbahnen", Artikel in Bd. VI der „Enzyklopädie des Eisenbahnwesens".

Waren allgemeiner Art sind ihrer Beschaffenheit nach in 4 Klassen eingeteilt, Klasse 4 ist die höchste. Die Frachtsätze wechseln, d. h. verbilligen sich im Rahmen einer aus 6 Abstufungen bestehenden Entfernungsskala (bis 20 Meilen, von 21—50, 51—100, 101—200, 201—300, sowie 300 und mehr Meilen) in Verbindung mit einer aus 3 verschiedenen Einheiten bestehenden Gewichtstabelle, nämlich Kin (Pfund), oder Tonne, oder Tonne in ganzen Waggonladungen. Das Kin-Gewicht beginnt mit 100 Kin, ein Mindergewicht zahlt für 100 Kin. Für Waren der Klasse 4 berechnet sich die Fracht nur nach Kin, nicht auch nach Tonnen oder Wagenladung. So stellt sich z. B. die Fracht **für die Meile** für:

| Waren | Entfernung Meilen | 100 Kin | 1 Tonne | 1 Tonne Wagenladung |
|---|---|---|---|---|
| Klasse 1 | 1—20 | 5 Rin | 4 Sen | 3,2 Sen |
| „ 2 | 1—20 | 5,5 „ | 4½ „ | 3,6 „ |
| „ 3 | 1—20 | 6 „ | 5 „ | 4 „ |
| „ 4 | 1—20 | 9 „ | — | — |
| Klasse 1 | 300 und mehr | 7 Mo | 6 Rin | 6 Rin |
| „ 2 | 300 „ „ | 8 „ | 7 „ | 6 „ |
| „ 3 | 300 „ „ | 9 „ | 8 „ | 7 „ |
| „ 4 | 300 „ „ | 1,4 Sen | — | — |

Rin ist der zehnte Teil eines Sen (also ⅒ Pfennig) und Mo ist der zehnte Teil eines Rin.

Als bei Gelegenheit des Erlasses der neuen koreanischen Zolltarifordnung vom 28. März 1912 der bis dahin bestehende allgemeine Exportzoll von 5 % ad valorem nur noch für 6 Landeserzeugnisse aufrecht erhalten wurde, für Reis aber — angesichts der von Jahr zu Jahr in Alt-Japan zunehmenden Reisnot — in Wegfall kam, hat die Bahnverwaltung außerdem noch die Frachten für Waggonladungen von Reis und sonstigen Cerealien erheblich herabgesetzt, um ihrerseits zur Minderung der Reispreise nach Tunlichkeit beizutragen.

Werfen wir einen Blick auf die Eisenbahnen Koreas als eine Erwerbsanstalt und als einen Faktor volkswirtschaftlichen Aufstieges, so sind die Ergebnisse bis heute zwar nicht glänzend, aber doch im ganzen befriedigend zu nennen. Die schließliche Rentabilität, sogar eine gute Rentabilität steht außer allem Zweifel. Das beweisen die allmählich steigenden Ziffern des Personen- wie des Frachtenverkehrs. Es kommt hinzu, daß die Hauptlinie im Jahre nach ihrer Fertigstellung durch überaus starke Regengüsse und Überflutungen erhebliche Beschädigungen erlitt — August 1905 —, und daß auch die vielfachen Umbauten den geordneten Betrieb störten. Die japanischen Berichte geben ferner als Grund für eine anfängliche, gewisse Zurückhaltung in der Entwicklung — namentlich des Personenverkehrs — die derzeit noch immer nicht gänzlich durchgeführte Befriedung des Landes an. Im Berichtsjahr 1912/13 waren die Gesamtbudgetzahlen folgende:

|  | Betriebseinnahmen | Betriebsausgaben | Betriebsüberschüsse |
|---|---|---|---|
| Voranschlag... | 7 334 904 Yen | 6 221 736 Yen | 517 640 Yen |
| Ergebnis..... | 6 817 263 „ | 5 964 395 „ | 257 340 „ |
| Unterschied... | — 517 641 Yen | — 257 341 Yen | — 260 300 Yen |

Eine Verzinsung von 257 340 Yen auf ein Kapital von fast 114 Millionen ist ja freilich noch ziemlich dürftig, sind es doch nur etwa 0,23 %, aber man muß bedenken, wie plötzlich die Eisenbahn in dieses Land gekommen ist, und daß es daher nur natürlich ist, wenn sich das Volk erst langsam an ihre Wohltaten gewöhnt. Auch muß man sich wiederholt vor Augen halten, daß die Bevölkerung Koreas arm ist, und daß bisher und wohl noch für einige Zeit die wichtigste Aufgabe der Bahnen eine politische ist: die Sicherung des neu erworbenen Landes sowie des Aufmarsches gegen einen von Norden drohenden Feind und die Verstärkung der in die Mandschurei hineingestreckten Fühler. Daß die Bahnen schon beginnen, volkswirtschaftlich eine wichtige Rolle zu spielen, geht aus der Zusammenstellung der wichtigsten Transportgegenstände, namentlich der Produkte des Landes selbst hervor. In den Jahren 1906—1912 wurden befördert in Tonnen:

| Güter | 1906 | 1907 | 1908 | 1909 | 1910 | 1911 | 1912 |
|---|---|---|---|---|---|---|---|
| Reis..... | 33 226 | 56 440 | 68 537 | 71 947 | 76 073 | 76 763 | 97 869 |
| Kohlen.... | 2 245 | 6 809 | 14 339 | 49 708 | 107 725 | 128 219 | 167 561 |
| Soyabohnen. | 24 507 | 27 992 | 20 601 | 48 006 | 46 702 | 38 055 | 36 033 |
| Holz..... | 11 755 | 38 236 | 48 279 | 31 265 | 44 561 | 64 065 | 66 005 |
| Getreide... | 8 035 | 8 095 | 9 430 | 18 670 | 25 243 | 25 754 | 36 119 |
| Brennholz und Holzkohlen. | 6 390 | 23 316 | 18 819 | 15 064 | 20 719 | 24 729 | 28 138 |
| Steine.... | 2 218 | 11 409 | 23 933 | 13 108 | 49 218 | 63 197 | 10 296 |
| Salz...... | 7 430 | 9 907 | 10 460 | 11 381 | 17 203 | 24 870 | 30 550 |
| Kalk..... | — | — | 3 031 | 10 036 | 8 504 | 2 867 | 6 164 |

Nach den Erfolgen, die die japanische Eisenbahnverwaltung in der Mandschurei mit der Ausgestaltung der Bahnen zu einem gewinnbringenden Erwerbsinstitut erzielt hat, kann man das Vertrauen haben, daß ihr dies auch in Korea gelingen wird. Jedenfalls hat sie eine Reihe von Maßnahmen zur immer weiteren Erleichterung und Heranziehung des Güterverkehrs getroffen. Hierhin gehören vor allem die wachsende Vermehrung der planmäßigen Züge, die Frachtübereinkommen mit den Dampferlinien der Nippon Yusen Kaisha und der Osaka Shosen Kaisha sowie der Direktion der Russischen Freiwilligen Flotte, Vereinfachung der Zollformalitäten für durchlaufende Waren aus der Mandschurei nach Japan, Vereinheitlichung der Differentialtarife im Güterverkehr, Abmachungen mit den Bahnen in Alt-Japan und der Südmandschurischen Eisenbahngesellschaft, ferner mit der nordchinesischen Bahn (Peking—Mukden) und der in russischen Händen befindlichen chinesischen Ostbahn, sowie schließlich mit den russischen Bahnen über Durchgangsverkehr, unverzollte Grenzdurchfuhr nach Orten mit Zollstätten und anderes mehr. In letzterwähnter Beziehung sei bemerkt, daß Japan in einer gelegentlich der Annektion Koreas den fremden Mächten behändigten Deklaration zugesagt hat, die billigen Zollsätze der derzeitigen koreanischen Vertragstarife für die Dauer von 10 Jahren — also bis 1920 — unverändert zu belassen. Bis zu diesem Zeitpunkte stehen also Alt-Japan und Korea gegenseitig im Zollauslandsverhältnis, sodaß Waren aus Japan bei der Einfuhr in Korea der gleichen Verzollung unterliegen wie sonstige ausländische Importwaren. Die Bahnverwaltung hat Mitte 1913 die Einrichtung von „Lagerhäusern" (bonded warehouses) getroffen, und zwar bis jetzt an 13 Plätzen, denen weitere folgen sollen. Dort eingelagerte Waren, z. B. Reis, befinden sich unter amtlichem Verschluß. Gegen Hinterlegung der Lagerhausscheine gewähren Banken Vorschüsse auf die Waren. Mit der 1911 auf Anregung des General-Gouvernements zur Ausgestaltung der koreanischen Küstenschiffahrt gegründeten und unterstützten (z. B. 1913: 333 877 Yen) koreanischen Postdampfergesellschaft „Chosen Yusen Kaisha" (Anfang 1914: 38 Dampfer von zusammen 8186 Tons) besteht die Vereinbarung, daß Durchfrachten nach allen Eisenbahnstationen aufgegeben werden können. Genannte Gesellschaft hat ihren Küstendienst in drei Betriebszonen eingeteilt und innerhalb jeder Zone eine Anzahl regelmäßiger Dampferlinien eingerichtet, nämlich:

a) Ost-Zone von Fusan bis zur Tumen-Mündung mit 6 Linien und 31 angelaufenen Küstenplätzen;

b) Süd-Zone von Fusan bis Mokpo mit 9 Linien und 38 angelaufenen Küstenplätzen;

c) West-Zone von Mokpo bis Dschinnampo mit 10 Linien und 44 angelaufenen Hafenplätzen.

Eine Fahrtenausdehnung von Dschinnampo bis zur Yalu-Mündung und Sin-Widschu steht auf dem Programm. So ist auch die koreanische Wasserseite, namentlich die weltentlegene Ostküste, in bequeme Verkehrsmöglichkeit gebracht.

Ganz besondere Finanzvorteile für die koreanischen Bahnen dürften aber aus dem jüngsten Abkommen Japans mit China, d. d. Peking den 29. Mai 1913, herausschauen, dem folgender Sachverhalt zugrunde liegt. Rußland besitzt auf Grund von § 10 Absatz 2 des Vertrages über die Chinesische Ostbahn vom 8. September 1896 die Vergünstigung, daß die mit der Eisenbahn über die russische Landgrenze in die Mandschurei eingeführten oder von dort ausgeführten Waren nur ⅔ des chinesischen Seezolles zu zahlen brauchen, also eine Zollermäßigung von ⅓ genießen. Als Japan nach dem russisch-japanischen Kriege sich mit China wegen des eroberten früheren russischen Pachtgebietes in der Mandschurei auseinanderzusetzen hatte, wurde im § 11 des Vertrages vom 22. Dezember 1905 für den koreanisch-mandschurischen Grenzverkehr beiden Staaten Meistbegünstigung gewährt. Gestützt auf diese Klausel hat Japan nach Vollendung der Jalu-Brücke von China verlangt, daß die mit der Eisenbahn über Korea in Antung eintreffenden oder auf dem nämlichen Landwege von dort ausgeführten Waren ebenfalls nur ⅔ des chinesischen Ein- und Ausfuhrzolles zahlen sollten. Nach längeren Verhandlungen ist es der japanischen Regierung endlich gelungen, diese Forderung durchzudrücken. In Verbindung mit den Bahnen in Japan ist sodann eine Frachtskala mit ermäßigten Sätzen ausgearbeitet worden, die es ermöglicht, Waren von Japan unter Berücksichtigung des chinesischen Zollnachlasses von einem Drittel billiger — oder jedenfalls nicht teurer — mit der Eisenbahn über Korea nach Antung zu schaffen, als es mit dem Dampfer geschieht. Die Beträge, die Waren bei ihrer Beförderung durch Korea an Einfuhrzoll in China sparen, kommen also im wesentlichen als Frachtgelder den koreanischen Bahnen zugute. Der chinesische Zollnachlaß bildet im Grunde genommen eine Beihilfe Chinas an die Bahnen in Korea. Da allein an japanischen Baumwollwaren für 30 Millionen Yen jährlich in die Mandschurei eingeführt werden und diese Waren seit Mitte 1913 den schnelleren und billigeren Weg durch Korea bevorzugen, so liegt klar auf der Hand, welche Vorteile das fragliche Abkommen für die koreanische Eisenbahnkasse zur Folge haben muß. Leider wird es schwer halten, die Größe und das Anwachsen dieses Durchgangsverkehrs zu verfolgen und ziffernmäßig nachzuweisen, da die koreanische Zollstatistik — wenigstens bis jetzt — nur den Spezialhandel Koreas umfaßt, nicht aber den Gesamthandel des Landes, also Angaben über Durchfuhren nicht bringt.

Erwähnt sei noch, daß zur Erhöhung der Volkstümlichkeit der Bahn gelegentlich eine fahrende Ausstellung eingerichtet worden ist, für die mehrere Eisenbahnwagen zur Verfügung gestellt und eingerichtet waren. Diese Ausstellung ist an dreißig Stationen im April und Mai 1910 gezeigt worden, und allerlei Erleichterungen zu ihrer Besichtigung wurden den in der Nähe wohnenden Leuten gewährt. Die Kosten von rd. 7000 ℳ trug ein Zeitungsunternehmen.

Als Gegenstück zu den vortrefflichen sonstigen Maßnahmen sei auch eine entschieden weniger gut zu beurteilende erwähnt. Die Verwaltung hatte nämlich 1905, um das Frachtengeschäft auf der Strecke Söul—Fusan zu beleben, die Frachten auf der kurzen Strecke vom Hafen Dschemulpo nach Söul außerordentlich erhöht, um es auf diese Weise nicht mehr lohnend sein zu lassen, die Waren zu Schiff bis Dschemulpo und dann auf der kürzesten Landstrecke ins Innere zu schaffen. Diese Maßregel bedeutete natürlich eine enorme Beeinträchtigung der in Deschemulpo ansässigen, besonders auch der ausländischen Firmen, die denn alsbald einen lebhaften Protest gegen solche künstliche Wettbewerbserleichterung für die andere Strecke und den anderen Hafen, Fusan, erhoben, dessen Handelshäuser sämtlich japanisch sind. Da die Proteste nichts fruchteten, gründeten die Dschemulpo-Interessenten, einschließlich der Japaner, schleunigst eine eigene Dampferlinie, um für eine Minimalfracht ihre Waren von Kobe usw. nach Dschemulpo zu bringen, für welchen Fall Fusan kalt gestellt worden wäre. Auf diesen Gegenhieb hin gab die Bahnverwaltung klein bei und erneuerte die alten Frachtsätze.

Den Personenverkehr zu erleichtern und zu beheben, hat sich die Bahnverwaltung gleichfalls angelegen sein lassen. Die Zahl der Reisenden belief sich in den

      Jahren           auf
      1906 . . . . . 1 550 047 Personen,
      1907 . . . . . 2 625 772   „
      1908 . . . . . 2 172 741   „
      1909 . . . . . 1 930 442   „
      1910 . . . . . 2 024 490   „
      1911 . . . . . 2 429 687   „
      1912 . . . . . 4 399 022   „
      1913 . . . . . 4 143 803   „   (Kalenderjahr 1913).

Besonders gehoben hat sich die Zahl der Fernreisenden, wie ja auch anzunehmen ist, daß Korea sich mehr und mehr zu einem Teil des Weltreiseweges entwickeln wird. Dies ergeben besonders die Ziffern des Fernverkehrs an der Stelle, wo er am leichtesten kontrollier- und faßbar ist, nämlich auf den Fährdampfern zwischen Fusan und Schimonoseki. Im letzten Kalenderjahre (1913) trafen in Fusan 110 736 Reisende ein und fuhren 95 706 Reisende ab. Das sind 6000 und 2000 Fahrgäste mehr als im Vorjahre. Unter den eintreffenden Reisenden befanden sich 1665 Westländer (Europäer und Amerikaner) und unter den ausgehenden 1454, d. h. in beiden Fällen gerade doppelt so viel als 1912. Die Japaner selbst nennen schon heute die Hauptlinie Fusan—Söul—Antung „*one of the most important trunk lines of international traffic*". Die nicht ganz 1000 km lange Linie schließt im Norden an die Linie Antung—Mukden der Südmandschurischen Eisenbahngesellschaft an, die in Mukden in die Hauptlinie Dalny—Kuangtschengtse (Dairen—Changchun) einmündet und ebendort auch in Verbindung mit den Chinesischen Nordbahnen, d. h. der Linie Peking—Mukden steht. Zwischen Fusan und Antung (Widschu) fahren täglich zwei Expreßzüge in jeder Richtung. Ferner verkehrt als wichtigstes internationales Bindeglied der dreimal wöchentlich fahrende „Chosen-Manchuria Expreß" zwischen Fusan und Kuangtschengtse (Changchun), dem nördlichen Endpunkt des japanischen Eisenbahnmachtbereichs. Er durchläuft diese etwa 1520 km lange Strecke in 33 Stunden und hat in Changchun Anschluß an den Expreß der in russischen Händen befindlichen chinesischen Ostbahn nach Harbin und von dort an den Transsibirienexpreß von und nach Europa. Diese ausgezeichnete Verbindung ermöglicht es, daß Briefe heute aus Söul in rd. 13 Tagen in Cöln sein können.[1]) Im Süden haben die Expreßzüge Anschluß an den Fährdampfer, der in etwa 10 Stunden die rund 130 Seemeilen (etwa 220 km) breite Straße zwischen Fusan und Shimonoseki durchfährt. Auf diese kurze Seefahrt ist der Reisende nach Japan heute nur noch angewiesen, während er vor kaum zehn Jahren noch beinahe sechs Wochen von Europa (Genua) ab durch den Suezkanal zur See fahren mußte. Der Südmandschurische Expreßzug, „Chosen-Manchuria Expreß", ist ein Luxuszug mit allem europäischen Komfort. Während er anfangs nur aus Wagen I. Klasse, ferner Schlafwagen I. Klasse sowie Speisewagen bestand, ist auf Grund einer Neuregelung vom 1. November 1913 ab eine II. Klasse geschaffen worden. Expreßzuschlag und Bett werden nicht mehr besonders gezahlt, sondern für beides ist ein Einheitspreis eingeführt. Salon- und Aussichtswagen sind abgeschafft, und es gibt nur noch Wagen mit Abteilungen, die mit herunterklappbaren Betten versehen sind. Bei einer Tagesfahrt, ab Söul Nandaimon $7^{10}$ nach Antung, an $5^{00}$, ist der nämliche Zuschlag zu zahlen wie z. B. bei einer Nachtfahrt mit Benutzung des Bettes, Söul ab $10^{\underline{50}}$ nach Fusan Pier, an $7^{50}$.

---

[1]) Der Fahrpreis Cöln—Söul würde I. Klasse 708,80 ℳ betragen.

Bei den lokalen Expreßzügen, die zweimal täglich in jeder Richtung Söul passierend fahren[1]), gibt es keinen Expreßzuschlag. Diese Züge besitzen I., II. und III. Klasse. Bis Ende Oktober gab es für die Nachtexpreßzüge auf der Strecke Fusan—Söul jeden zweiten Tag Sonderschlafwagen I. Klasse, d. h. an den geraden Monatstagen fuhren die Schlafwagen von Fusan nach Söul und an den ungeraden von Söul nach Fusan. Seit November 1913 sind nun auf dieser Strecke Söul—Fusan für alle Nachtexpreßzüge Sonderschlafwagen eingestellt und sind ferner Betten II. Klasse geschaffen. Ein Bett I. Klasse kostet 3 Yen und ein Bett II. Klasse 2 Yen. Auf der Strecke nordwärts, also Söul—Sinwidschu—Antung, bestehen einstweilen überhaupt noch keine Schlafwagen. Es sind aber solche im Bau und sollen nach Lieferung der Nordstrecke zugewiesen werden. Auch diese Züge haben Speisewagen, in denen europäische Mahlzeiten erhältlich sind. Die Zuschlagpreise zur gewöhnlichen Fahrkarte für den mandschurischen Expreßzug betragen:

|   |   | I. Klasse | II. Klasse |
|---|---|---|---|
| bis 200 Meilen | Erwachsener . . . | 5 Yen | 3 Yen, |
|  | Kind . . . . . . | 4 „ | 2½ „ |
| „ 600 „ | Erwachsener . . . | 8 „ | 5 „ |
|  | Kind . . . . . . | 6½ „ | 4 „ |
| über 600 „ | Erwachsener . . . | 12 „ | 8½ „ |
|  | Kind . . . . . . | 9½ „ | 7 „ |

Eine in Europa selten gewordene Gepflogenheit hat durch die südmandschurischen und koreanischen Eisenbahnen neue Anwendung erhalten, das ist die Verbindung von Hotelunternehmungen mit dem Bahnbetriebe. Diese koreanischen Bahnhotels nehmen in der Regel die oberen Stockwerke der Stationsgebäude ein und werden nach europäischem Muster geleitet. Solche Hotels bestehen in Korea jetzt schon an den beiden Endpunkten Fusan und Neuwidschu. Das Zimmer kostet für die Person zwischen 5,25 ℳ und 8,40 ℳ für den Tag. Diese Eisenbahnhotels werden nicht wenig dazu beitragen, dem verwöhnten europäischen Reisenden den Weg über Korea angenehm erscheinen zu lassen. Das Bahnhotel in Söul befindet sich seit Anfang 1913 im Bau und soll Ende 1914 fertig werden. Es liegt äußerst günstig in der Stadt auf dem Gelände des von den Japanern eingezogenen ehemaligen koreanischen Himmelstempels. Die Bausumme beträgt annähernd eine halbe Million Yen, es sind über 50 Zimmer, jedes mit

---

[1]) Fusan Pier . . . ab 10.30 und 11.00      Antung . . . . ab 8.20 und 7.30,
Söul . . . . . . „ 9.40 „ 9.10      Söul . . . . „ 7.50 „ 8.30,
Antung . . . . an 10.40 „ 8.30      Fusan . . . . an 5.40 „ 7.00.

eigenem Baderaum vorgesehen. Die Pläne stammen von dem deutschen Architekten, kgl. preuß. Baurat G. de Lalande in Tokio.

Reichliche Ermäßigungen werden Gesellschaftsreisen gewährt, eine Maßnahme, durch die man erfolgreich angestrebt hat, daß einerseits Koreaner ihr neues Vaterland Japan, andererseits Japaner ihre neue große Kolonie kennen lernen. Auch die Deutschen Tsingtaus haben diese Möglichkeit bereits ausgenutzt und sind im Sommer 1913 auf einer Vergnügungsfahrt — über 70 Personen an Zahl — mit einer Preisermäßigung von 32½ % durch Korea gefahren, haben Söul besichtigt und über Japan (Kobe) die Heimreise angetreten.

\* \* \*

In Kürze werden alle bisher bewilligten Bahnen in Korea im Betriebe stehen. Es ist daher verständlich, daß der rege Generalgouverneur schon wieder neue Projekte hat ausarbeiten lassen und der Regierung des Kaiserreichs zur Aufnahme in das Budget vorgelegt hat. Anfang 1914 hat die Regierung sie in stark beschnittener Form dem Parlament vorgelegt, das aber bis jetzt (Mitte Mai 1914) die Budgetberatung noch nicht fertig gestellt hat und wohl auch noch geraume Zeit dazu brauchen wird. Die als das „dritte Programm" bezeichneten Pläne (Söul Preß v. 22. 1. 14) fassen folgende Linien ins Auge: 1. Söul—Täku, 2. Wönsan—Pjöngjang, 3. Wönsan—Hamhung—Hoiriong. Diese Projekte entsprechen dem Bilde, das man sich nach der Karte und den sonstigen Verhältnissen von einem organischen Ausbau des Eisenbahnnetzes machen würde. Will man sich dieses in eine planimetrische Figur einbezogen denken, so kann letztere als ein Rechteck vorgestellt werden. Die Ecken würden dann von den Plätzen Fusan, Mokpo, Widschu und Kiungsöng (Kyojo) gebildet. Am Schnittpunkt der Diagonalen würde ungefähr die Landeshauptstadt liegen. Die Verbindung dieser fünf wichtigen Punkte besteht an drei Seiten zu Wasser, erheischt also nicht unerläßlich Bahnverbindung, an der vierten Seite zu Lande ist sie noch nicht hergestellt, und dieser Bau ist das eine der schwebenden Projekte. In den Diagonalen bestehen die Verbindungen schon zum großen Teil oder sind im Bau begriffen. Die beiden südlichen Diagonalen vereinigen sich ziemlich weit vor dem eigentlichen Schnittpunkt; auch hier will ein Projekt die Linie Fusan—Söul zu einer unmittelbaren geradlinigen Verbindung werden lassen, so daß die alte Linie mehr nur der Aufgabe einer Verbindung M o k p o—Söul gewidmet wäre. Von den nördlichen Diagonalhälften ist die westliche in Gestalt der Linie Söul—Widschu vorhanden, die östliche zum Teil fertig, zum Teil im Bau, zum Rest geplant. Nachstehende Figur verdeutlicht das Gesagte.

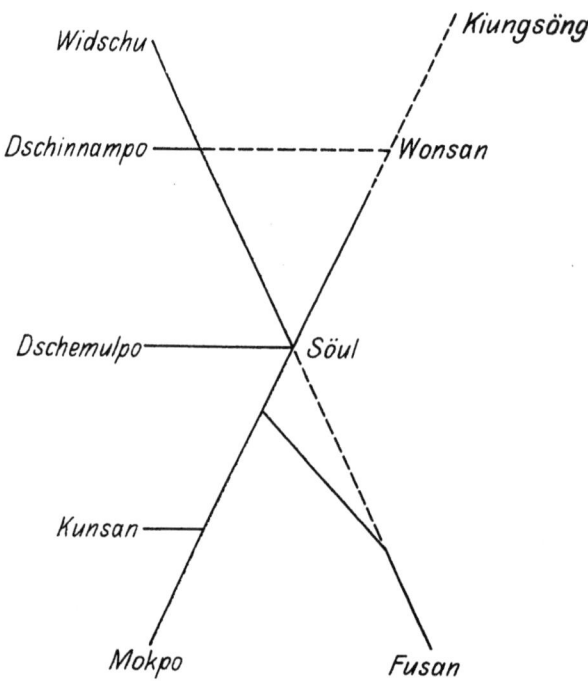

1. Über die Zweckmäßigkeit der südlich geplanten Bahn Söul—Täku läßt sich nicht leicht ein Urteil fällen. Die nähere Begründung dieses Plans ist mir leider nicht bekannt. Möglicherweise sind es militärische Sicherheitserwägungen, die Bahn tief im Innern des Landes — unerreichbar von der See aus — zu führen — und hierfür würde auch die Tatsache sprechen, daß bei Truppentransporten gleichzeitig von Fusan, Masampo, Mokpo und Kunsan aus die Bahn nördlich Taiden überlastet sein würde — möglicherweise aber auch das bloße Streben nach einer tunlichsten Verkürzung der Verbindung. Natürlich wird die Bahn unter allen Umständen ihren großen Nutzen zur Erschließung der berührten Landesteile haben. Ob aber diese letztere der Aufschließung würdig und in erster Linie bedürftig sind, darf bezweifelt werden. Die Linie soll bei Täku die heutige Stammbahn verlassen, im Tale des Naktongflusses (Rakudo) aufwärts führen und zwischen den beiden wichtigsten Punkten Sangdschu (Shoshu) und Tschungdschu (Chushu) die Wasserscheide zum Han überschreiten, in dessen Tal sie dann nach der Hauptstadt herabsteigen würde. Die Bahn würde schätzungsweise eine Länge von rd. 300 km haben, und nach den bisherigen Erfahrungen darf man ange-

sichts der Tatsache, daß sich technische Schwierigkeiten bei der Überwindung des Gebirges ergeben werden, die Kosten in roher Schätzung auf rd. 18 Millionen Yen annehmen. Das würde bei dem noch unzureichenden Erträgnis der bestehenden Linien eine neue beträchtliche Belastung des japanischen Budgets bilden, zumal noch erhebliche weitere Kosten für die übrigen Projekte entstehen werden. Nach dem Budgetentwurf für 1914 ist denn auch der Bau dieser Bahn Söul—Täku zunächst einmal bis 1919 hinausgeschoben worden, da für die kommenden fünf Jahre je 8½ Millionen Yen beantragt sind, um den mittleren Teil der alten Söul-Fusan-Linie zu verbessern und mit dem Bau der Wonsan-Hoiriong-Strecke (s. unten) zu beginnen. Die Linie Söul-Fusan soll für den Verkehr der seit etwa 2 Jahren durchgehenden schweren mandschurischen Expreßzüge besser geeignet gemacht werden, insbesondere die Steigungen von bis zu 1 : 50 auf höchstens 1 : 100 ermäßigt werden.

2. Die weiter geplante Verbindung der beiden Küsten, d. h. der Hafenstädte Wonsan (Gensan) und Dschinnampo (Chinampo) erscheint unter den drei Projekten, wirtschaftlich jedenfalls, als die am ehesten gebotene. Strategisch dürfte sie bei dem Vorhandensein der ihrer Vollendung nahen Bahn Söul—Wonsan weniger dringlich sein. Die Linie, die nur bis Pjöngjang (Heijo) gebaut zu werden brauchte, da von dort schon eine Bahn bis Dschinnampo läuft, würde schätzungsweise 150 km lang werden und müßte auch wohl nicht unerhebliche technische Schwierigkeiten überwinden, da sie das koreanische Mittelgebirge zu überqueren hat. Die Kosten dieser Bahn dürften daher mit rd. 10 Millionen Yen nicht zu hoch gegriffen sein. Einstweilen ist auch dieses Projekt aus Finanzgründen zurückgestellt und man hat sich damit begnügt, eine für Automobilverkehr geeignete Kunststraße zwischen Wonsan und Pjöngjang anzulegen. Von beiden Endpunkten ist mit ihrem Bau begonnen, der im Frühjahr 1915 fertig sein soll.

Die Regierung sucht das Privatkapital dafür zu gewinnen, nach und nach alle Hauptstädte der 13 Provinzen und andere wichtige Punkte — soweit sie nicht an den großen Linien liegen — durch Schmalspurbahnen mit der nächsten Eisenbahnstation zu verbinden. Bis zur Ausführung solcher noch in weitem Felde liegenden Pläne ist man auch sonst auf das gleiche Mittel wie zu der Verbindung Wönsan-Pjöngjang, nämlich den Automobilverkehr, verfallen. Im Herbst 1912 hat eine unternehmende japanische Firma in Söul die Konzession — und zwar eine Art Monopol — erhalten, auf einer Reihe von Strecken Kraftomnibusverkehr einzurichten und im Anschluß an die Eisenbahnzüge zu betreiben. Es bestehen folgende Linien (Januar 1914):

| Linie | km | Zahl der Kraftwagen | Zahl der täglichen Fahrten von beiden Enden |
|---|---|---|---|
| Sinwidschu – Widschu / Shingishu – Gishu | 19,31 | 5 | 5 |
| Sinandschu – Andschu / Shinanshu – Anshu | 6,43 | 1 | nach Bedarf |
| Dschinnampo – Kwangjang / Chinnampo – Koryowan | 14,48 | 2 | 2 |
| Sariwon – Hädschu / Shariin – Kaishu | 74,02 | 3 | 2 |
| Suwon – Jedschu / Suigen – Reishu | 57,93 | 3 | 1 |
| Sodschöngli – Kongdschu / Shoseiri – Koshu | 38,14 | 2 | 1 |
| Tschonan – Onjang – Kiölsöng / Tenan – Onyo – Kwossen | 76,44 | 2 | 1 |
| Dschotschiwon – Tschöngdschu / Chochiin – Seishu | 20,11 | 2 | 4 |
| Tädschön – Kongdschu / Taiden – Koshu | 37,01 | 2 | 2 |
| Dschindschu – Samtschonpo / Shinshu – Sansempo | 35,40 | 2 | 2 |
| Iri – Dschöndschu / Riri – Zenschu | 25,74 | 2 | 2 |
| Täku – Kiungdschu – Pohan / Taikyu – Keishu – Hoko | 96,55 | 3 | 1 |
| im ganzen | 501,56 | 29 | |

Für das Jahr 1914 ist die Eröffnung einer Anzahl weiterer Automobillinien über teilweise sehr weite Entfernungen geplant und wird sich je nach Fertigstellung der Landstraßen vollziehen:

| Linie | km | Eröffnungsdatum |
|---|---|---|
| Andschu – Manpodschin / Anshu – Mampochin (Grenzort am mittleren Jalu) | 281,62 | 1914 |
| Pjöngjang – Wönsan / Heijo – Gensan | 201,16 | April 1914 |
| Söul – Tschuntschön / Keijo – Shunsen | 92,53 | 1914 |
| Söul – Itschön / Keijo – Risen | 56,32 | Juni/Juli 1914 |
| Dschotschiwon – Kongdschu – Lansan / Chochiin – Koshu – Ronsan | 68,39 | März 1914 |
| im ganzen | 700,02 | |

Die zurzeit in Dienst befindlichen Kraftwagen haben 6 bis 8 Plätze für Reisende. Es sind alt gekaufte Wagen aus Amerika. Als Fahrpreis werden für das Ri (3,927 km) 20 Sen, d. h. ungefähr für das Kilometer 10 Pfennige erhoben. Man wird auch bezüglich der Schaffung dieses Verkehrsmittels den Japanern alle Anerkennung zollen müssen. In kurzer Zeit haben sie ein Netz von Straßen und Linien geschaffen oder werden es haben, dessen Länge rund drei Viertel der Schienenwege ausmacht. Überwindung von Schwierigkeiten durch Anpassung an die gegebenen Verhältnisse und Ausnutzung der modernsten Errungenschaften sind auch die Kennzeichen dieses klug gewählten Hilfsmittels.

Ähnlich wie den Betrieb dieser Kraftwagenlinien und in Anlehnung an das Vorbild im Mutterlande hat die Regierung auch die Unternehmen von Schmalspurbahnen der privaten Initiative überlassen, während das Gouvernement nur die Oberaufsicht führt. Zwei — die einzigen staatlichen — wurden schon erwähnt (s. S. 16 u.). Im übrigen sind zu unterscheiden die Linien, welche der allgemeinen Benutzung offen stehen, und die Linien für Sondergebrauchszwecke. Es befinden sich heute (Januar 1914) im Betriebe:

|  | Unternehmer | Kraft | km | Spurweite |
|---|---|---|---|---|
| Straßenbahn in Söul . . . . . . . | Nikkan Gas and Electric Co. in Söul | Elektrizität | 25,50 | 3 Fuß 6 Zoll |
| Straßenbahn in Pjöngjang . . . . | K. Kawasakî & Co. | Kuli | 1,93 | 2 Fuß |
| Wäkan — Naktongkang / Wakan — Rakutoko . . . . | K. Matsuhara | Kuli | 1,12 | 2 Fuß |
| Fusan-dschin — Ontschöndschang / Fusanchin — Onsenjo | Chosen Gas and Electric Co. in Fusan | Dampf | 9,33 | 2 Fuß 6 Zoll |
| | | zusammen . . . . | 37,88 | |

Ferner bestehen für Kohlenbeförderung eine Bahn bei Pjöngjang, die mit Pferden betrieben wird und etwa 14½ km lang ist, und eine andere für Graphitbeförderung zur Station Hoangkang der Söul-Fusanbahn, die von Menschenkraft betrieben wird und etwa 22 km lang ist.

Von den projektierten Schmalspurbahnen — insgesamt etwa 340 km — ist besonders eine etwa 96 km lange Bahn von Shinandschu nach Pukdschin (Hokuchin) zu erwähnen. Sie durchschneidet den wichtigen Goldminendistrikt Unsan und ist auch strategisch von Bedeutung, da sie eine Wegstrecke auf dem Marsch zu der Grenzstadt Hekido am unteren Jalu bedeutet. In Würdigung ihrer Bedeutung unterstützt die japanische Regierung die in Tokio ansässige Unternehmerin Okura & Co. mit einer sechsprozentigen Zinsgarantie. Der Bau der Bahn hat begonnen. Es sind ferner geplant und vergeben eine etwa 20 km lange Bahn zur Verbindung des Truppenstandorts Nanam (Lanan oder Ranan) mit der See bei Tschöngdschin (Seishin), die elektrische Triebkraft bekommen soll, ferner eine Reihe von Dampfbahnen zwischen Fusan, Taikyu und Pohan im Südosten (insgesamt 185 km) und endlich zwei Zubringerbahnen zur Konanlinie, nämlich Kwangdschu (Koshu)—Songdschöngli (Soteiri) und Dschöngdschu (Zenshu)—Riri (insgesamt 38,6 km). Dank dieser bestehenden oder geplanten Bahn- und Automobilverbindungen ist das Ziel der Regierung gesichert: von den dreizehn Provinzialhauptstädten sind drei Bahnstationen, nämlich Pjöngjang, Söul und Täku. Widschu hat Automobilverbindung mit Sinwidschu, ebenso Hädschu mit Sariwon an derselben Linie, Dschöngdschu (Seishu) desgleichen mit der Station Dschotschiwon (Chochiin) der Söul — Fusanbahn, Kongdschu hat doppelte Verbindung, nämlich nach den Eisenbahnstationen Sodschöngli (Shoseiri) und Taiden (Tädschön). Dschöndschu und Kwangdschu erhalten demnächst Kleinbahnen zu Stationen der Honanbahn. Tschuntschön (Shunsen) erhält demnächst Kraftwagenverkehr mit der Hauptstadt, Hamhung wird später selbst Station der großen Nordostlinie, dasselbe dürfte für Kiungsöng anzunehmen sein, während endlich das südliche Dschindschu (Shinshu) Automobilverbindung zur See hat.[1]) Schließlich wäre noch eine Schmalspurlinie vom Hafenplatz Söngdschin (Joshin) nordwestwärts zu der Kupfermine von Kapsan zu erwähnen, die sicherem Vernehmen nach bereits vollständig vermessen ist.

3. Das dritte und größte Projekt: Wonsan—Kiungsöng—Hoiriong ist namentlich von erheblich militärisch-politischer Bedeutung. Nach seiner ganzen Durchführung würde es die Ostmandschurei wie in einen Bannkreis japanischer Verkehrseinrichtungen ziehen, einen Kreis, der durch die Orte an seiner Peripherie Antung—Mukden—Tschangtschun—Kirin—Hoiriong zu bezeichnen wäre, und der durch die im Oktober 1913 von China an Japan bewilligten 4 weiteren Bahnkonzessionen obendrein Vorpostenlinien gegen die Mongolei erhalten hat.

Innerhalb der Grenzen Koreas würde die Bahn schätzungsweise eine Länge von über 500 km haben und von Wonsan an der Küste entlang über die Städte Hamhung (Kanko), Söngdschin (Joshin) nach Kiungsöng (Kyojo) führen. Hier würde sie die Küste verlassen und nordwärts auf dem jetzt schon vorhandenen Damm einer Feldbahn zur Grenzstation Hoiriong **(Kainei)** am Tumenfluß laufen, **wo sie mit der gleichfalls geplanten und von China im § 6 des sogenannten Chientao-Vertrages vom 4. September 1909**

---

[1]) Diese Angaben entstammen einem unveröffentlichten Konsulatsbericht.

an Japan bereits konzessionierten mandschurischen Eisenbahn Kirin—Hoiriong zusammentreffen soll, deren Bau die südmandschurische Eisenbahngesellschaft demnächst unter Aufnahme einer Anleihe in Europa in Angriff nehmen wird. Gerade auf dieser letzten Strecke sind wieder erhebliche Geländeschwierigkeiten zu erwarten, weil wieder das koreanische Mittelgebirge überwunden werden muß, während die Bahn an der Küste entlang möglicherweise eine einfachere Tracenführung finden kann. Die Kosten der ganzen großen Unternehmungen können roh auf 32 Millionen Yen veranschlagt werden. Der Budgetentwurf für 1914 sieht nun vor, daß während der Jahre 1914—1918 zunächst einmal die Strecken von Wonsan nordwärts bis Yunghung (Yeiki) rd. 35 Meilen — im Bezirk Yunghung liegt übrigens Japans zweiter koreanischer Kriegshafen — und von Tschöngdschin (Geishin) bis Hoiriong (Kainei) rd. 57 Meilen gebaut werden. Für diesen Zweck sowie für die oben erwähnten Verbesserungen der Söul-Fusan-Linie verlangt das Generalgouvernement in den nächsten 5 Jahren je $8^{1}/_{2}$ Millionen Yen. Da die Bahn Wonsan—Hoiriong eine absolute Notwendigkeit darstellt, kann die Bewilligung durch das Parlament in Tokio als sicher gelten, selbst für den wahrscheinlichen Fall, daß die Bausummen sich nur im Anleihewege werden beschaffen lassen. Es kommt hinzu, daß die Verbindung Hoiriongs mit der See auch von großer Wichtigkeit für den Bau der Bahn Kirin—Hoiriong (s. Archiv für Eisenbahnwesen 1913, S. 974) sein würde. Sie würde nämlich die Heranschaffung der Materialien außerordentlich erleichtern, während diese sonst zu Lande auf dem großen Umweg über Mukden—Tschangtschun befördert werden müßten. Hoiriong (Kainei) liegt nur noch rund 90 km von der russischen Grenze entfernt und etwa 250 km von Wladiwostok.

Alles in allem wäre also mit einem weiteren Kapitalaufwand von rund 60 Millionen Yen für die Eisenbahnbauten in Korea zu rechnen. Geplant ist die Vollendung des ganzen Netzes bis zum Jahre 1923 — in dem die sogenannte Pacht der Liautunghalbinsel (Port Arthur) abläuft — ein Gedanke, der aber schon heute als fast aussichtslos bezeichnet werden muß, wenn man die weite Hinausschiebung gewisser Pläne erwägt. Neben den zunächst für 5 Jahre geforderten 8½ Millionen Yen sind, woran man sich erinnern muß, bis 1915 bereits erhebliche Beträge ins Budget für Neubauten eingestellt. Aber auch zu neuen schweren Opfern wird sich das Inselreich zur Sicherung seiner kontinentalen Machtstellung zweifellos bereit finden. Ist aber das gesteckte Ziel einmal erreicht, d. h. ganz besonders die nach Osten führende Bahn über Hoiriong nach Kirin hergestellt, so sind der japanischen Armee Möglichkeiten zum raschen Aufmarsch gegen einen die japanische Vormachtstellung in der Mandschurei oder einen den Besitzstand Japans in Korea bedrohenden Feind verliehen, wie sie besser kaum geschaffen werden könnten.

Diesen noch nicht in Angriff genommenen Linien von zusammen etwa annähernd 1000 km Länge steht ein fertiges oder nahezu fertiges Liniennetz mit einer Gesamtausdehnung von rund 1600 km gegenüber. Rechnen wir die der Vollendung nahe Diagonallinie Söul—Wönsan schon als ganz fertig, so ergibt sich folgende Übersicht über die bestehenden Bahnen:

I. Keifu-Linie:

| | Meilen | km |
|---|---|---|
| $\frac{\text{Söul}}{\text{Keijo}}$ (Station Seidaimon)—Fusan . . . . . . . . | 274,9 | 450,198 |

Nebenstrecken:

a) $\frac{\text{Söul}}{\text{Keijo}} - \frac{\text{Dschemulpo}}{\text{Jinsen}}$ von der Anschlußstation $\frac{\text{Jung-tung-po}}{\text{Yeitoho}}$ ab gerechnet . . . . . . . . . 18,4    29,605

b) $\frac{\text{Tä-dschön}}{\text{Taiden}} - \frac{\text{Mokpo}}{\text{Mokuho}}$ (Konan-Linie) . . . . 161,3    259,531

    mit der Seitenlinie: $\frac{\text{Iri}}{\text{Riri}} - \frac{\text{Kunsan}}{\text{Gunsan}}$ . . . . . 14,3    23,008

c) $\frac{\text{Sam-lang-dschin}}{\text{Sanroshin}} - \frac{\text{Masampo}}{\text{Masan}}$ . . . . . . . . 24,8    39,903

d) $\frac{\text{Söul}}{\text{Keijo}} - \frac{\text{Wonsan}}{\text{Gensan}}$ (Keigen-Linie) von der Station $\frac{\text{Jongsan}}{\text{Riusan}}$ ab gerechnet . . . . . . . 136,3    219,307

                      zusammen . . 630,0    1 021,552

II. Keigi-Linie:

$\frac{\text{Söul}}{\text{Keijo}} - \frac{\text{Sinwidschu}}{\text{Shingishu}}$ von der Anschlußstation $\frac{\text{Jongsan}}{\text{Riusan}}$ ab bis zur Mitte der Jalu-Brücke gerechnet . . . . . . . . . . . . . . . . . 310,6    499,755

Nebenstrecken:

a) $\frac{\text{Koang-dschu}}{\text{Koshu}} - \frac{\text{Kiom-ipo}}{\text{Kenjiho}}$ . . . . . . . . 8,9    14,320

b) $\frac{\text{Pjöngjang}}{\text{Heijo}} - \frac{\text{Dschinnampo}}{\text{Chinnampo}}$ . . . . . . . . 34,3    55,189

c) $\frac{\text{Pjöngjang}}{\text{Heijo}} - \frac{\text{Sadong}}{\text{Jido}}$ . . . . . . . . . . . . 6,7    10,780

                      zusammen . . 990,5    1 601,596

Diese im wesentlichen innerhalb eines Jahrzehntes vollbrachte Leistung ist durchaus ansehnlich, sie kann einen Vergleich mit den Eisenbahnnetzen anderer Länder wohl aushalten, wenn man sich vergegenwärtigt, daß es sich um ein noch wenig entwickeltes Kolonialland handelt. Denn es treffen an Bahnlänge auf je 100 qkm und je 10000 Einw. z. B. in

| | | | |
|---|---|---|---|
| Deutschland | (1911) | 11,4 km | 9,5 km |
| Italien | (1911) | 6,0 „ | 5,0 „ |
| Britisch-Ostindien | (1911) | 1,0 „ | 2,8 „ |
| Siam | (1911) | 0,2 „ | 1,2 „ |
| Japan als Ganzes | (1911) | 1,6 „ | 1,6 „ |
| Altjapan (4 Hauptinseln) | (1911) | 2,5 „ | 1,8 „ |
| Korea | (1913) | 1,37 „ | 0,95 „ |

Vom allgemeinen, weltwirtschaftlichen Standpunkt aus werden die Bahnen Koreas als Faktoren des Güteraustausches wohl kaum große Bedeutung erlangen, denn dieser wird sich in den benachbarten Ländern doch noch für lange des Dampferverkehrs als eines erheblich billigeren Transportmittels bedienen. Für die Volkswirtschaft des Landes selbst und Japans wird das Eisenbahnnetz der Halbinsel aber eine immer steigende Bedeutung auch als Gütervermittler erringen. Vom Gesichtspunkt des Weltverkehrs schließlich im Sinne der Post- und Personenbeförderung wird es gleichfalls sicherlich eine wichtige Stellung einnehmen.

Für die beiden nächstbeteiligten Völker werden die Eisenbahnen im übrigen von verschiedenem Wert sein. Japan rechnet für seine gesamte volkswirtschaftliche Bilanz mit einem erheblichen Aktivposten aus dem Zustrom fremder Besucher (30 Millionen Yen). Die bequemere Erreichbarkeit wird diese für das arme Land wichtige Geldquelle ergiebiger strömen lassen. In technisch-wirtschaftlicher Hinsicht sind die koreanisch-mandschurischen Bahnen von großer Wichtigkeit für das Problem, das jetzt an allererster Stelle das Eisenbahnwesen des Mutterlandes bewegt, nämlich das des Spurumbaues. Japan hat die sogenannte Kapspur (1,067 m), während das ganze kontinentale ostasiatische Netz — ausgenommen die russischen Breitspurstrecken — Normalspur aufweist. Die Erfahrungen — und zwar günstigen Erfahrungen — in den japanischen Festlandsbahnen bilden ein gewichtiges Argument für die Umbauanhänger. Es ist auch gar nicht zu verkennen, daß die Vereinheitlichung der Spurweite auf allen Staatsbahnen sowohl für deren Materialbeschaffung ersparend wirken wird, als auch der japanischen Eisenbahnbedarfsindustrie einen mächtigen Ansporn geben wird, sich an dem Wettbewerb zur Versorgung der kontinentalen, d. h. hauptsächlich chinesischen Bahnen, ganz anders zu beteiligen, als sie es bisher mit ihren lediglich auf Schmalspurbedürfnisse eingerichteten Fabrikationsanlagen konnte. Ganz besonders aber wird das heimische Spurproblem vom militärischen

Standpunkt aus zur Lösung gedrängt. Der mitgeteilte Fuhrpark der koreanischen Bahnen ist zwar nicht gering, aber für den Kriegsfall unzureichend. Heute ist kein Wagen und keine Lokomotive des nur 130 Seemeilen entfernten Mutterlandes imstande, auf der Normalspur sich fortzubewegen. Aber auch schon nach dem heutigen Stande der Dinge kann Japan mit Hilfe der koreanischen Eisenbahnen seine Truppenmassen schnell und ohne sie — wie es noch im Kriege 1904/05 nötig war, oder vorkam — durch lange Seetransporte zu gefährden, bis ins Herz der Mandschurei werfen, und wird in Korea selbst, dank der Eisenbahnen, jede etwa auftauchende Empörung auch in den fernsten Landeswinkeln schnell zu ersticken vermögen. Das uralte Reich aber, das die neue Zeit so unsanft aufgeweckt hat, wird es nicht zum wenigsten der Eisenbahn, der schnellen Mittlerin aller Kulturerrungenschaften, zu danken haben, wenn in das „Land der Morgenfrische" endlich wirkliches Tageslicht moralischer und wirtschaftlicher Befreiung und Förderung einströmt.

## Quellenangabe.

In Betracht kommen zunächst die allgemeinen Werke über Korea, fast nur französisch und englisch, vor allem das von Hamilton. Nähere Angaben über die Eisenbahnen enthält der alljährlich japanisch erscheinende amtliche Bericht des Eisenbahnbureaus des General-Gouvernements Korea; letzte Ausgabe Ende Dezember 1913 für das Finanzjahr 1912. Von diesen Jahresberichten ist der für das Finanzjahr 1910 auch in englischer Sprache veröffentlicht im Dezember 1912: Annual Report for the year ending March 31st 1911. Ferner wird regelmäßig ein Kapitel den Eisenbahnen gewidmet in den gleichfalls amtlichen „Annual Report on Reforms and Progress in Korea", von denen in englischer Sprache die 5 Jahrgänge 1907, 1908/09, 1909/10, 1910/11 und 1911/12 vorliegen. Sodann bringt seit der Protektoratserklärung das vom Finanzministerium in Tokio herausgegebene „Finanzielle und wirtschaftliche Jahrbuch für Japan" mit Ausgaben in deutscher und englischer Sprache — letzt erschienener Jahrgang 1913 — manche Einzelheiten über Eisenbahnen. Ferner erscheinen in der Tages- und Fachpresse Europas und Ostasiens (Ostasiatischer Lloyd, Deutsche Japanpost) einzelne Notizen über Korea. Diese Quellenangabe aber wäre unvollständig, wenn nicht noch einmal dem tiefen Danke Ausdruck gegeben würde, den der Verfasser dem kaiserlich deutschen Generalkonsul für Korea, Herrn Dr. Krüger in Söul, für seine zahlreichen Angaben und seine aufopfernd mühevolle, ergänzende und verbessernde Mitarbeit schuldet.

Additional material from *Die Eisenbahnen in Korea (Chosen: Dschosön)*,
ISBN 978-3-662-32432-5, is available at http://extras.springer.com

MIX
Papier aus verantwortungsvollen Quellen
Paper from responsible sources
FSC® C105338

If you have any concerns about our products,
you can contact us on
**ProductSafety@springernature.com**

In case Publisher is established outside the EU,
the EU authorized representative is:
**Springer Nature Customer Service Center GmbH
Europaplatz 3, 69115 Heidelberg, Germany**

Printed by Libri Plureos GmbH
in Hamburg, Germany